图2-2　高中铁铝土矿

图2-3　低中铁铝土矿

图2-4　高中铁铝土矿粉

图2-5　低中铁铝土矿粉

图2-6　高硫铝土矿（a)矿石

图2-6　高硫铝土矿（b)矿粉

图 2-8　露天铝土矿

图2-16　石灰A形貌图

图3-1　橘红色的铝酸钠溶液

图3-3　原矿浆样品

图3-4　调整后矿浆

图3-5 四洗底流

图4-1 生产用石灰乳A

图4-2 外排赤泥

图4-3 用赤泥填埋沟壑

图4-4　在赤泥场地上
　　　覆盖黄土层

图4-5　赤泥场地上的麦苗

图5-1　成品氧化铝

图6-7　粉煤灰样品

氧化铝
生产化验技术

Alumina Production and
Assay Technology

刘艳玲　著

化学工业出版社

·北京·

内 容 简 介

　　《氧化铝生产化验技术》主要介绍氧化铝生产全过程分析检验的方法原理及分析步骤，不同分析方法的关键操作步骤、注意事项以及影响测试结果准确性的因素。全书共六章，包括氧化铝生产概述、原料化验的原理及方法探讨、过程液体物料的分析原理及方法探讨、过程固体物料的分析原理及方法探讨、成品的分析原理及方法探讨以及氧化铝行业发展前景及技术研究。

　　本书内容丰富、通俗易懂、实用性强，是系统学习氧化铝生产化验技术的宝贵资料，可供氧化铝行业分析检测技术人员和企业质量管理人员参考。

图书在版编目（CIP）数据

　　氧化铝生产化验技术 / 刘艳玲著.—北京 ： 化学工业出版社，2021.10

　　ISBN 978-7-122-39784-3

　　Ⅰ．①氧…　Ⅱ．①刘…　Ⅲ．①氧化铝-生产工艺　Ⅳ．①TF821

　　中国版本图书馆 CIP 数据核字（2021）第 169993 号

责任编辑：王海燕　张双进　　　　　　装帧设计：张　辉
责任校对：张雨彤

出版发行：化学工业出版社（北京市东城区青年湖南街 13 号　邮政编码 100011）
印　　装：北京建宏印刷有限公司
880 mm×1230 mm　1/32　印张 5½　彩插 2　字数 139 千字
2021 年 12 月北京第 1 版第 1 次印刷

购书咨询：010-64518888　　　　　　售后服务：010-64518899
网　　址：http://www.cip.com.cn
凡购买本书，如有缺损质量问题，本社销售中心负责调换。

定　　价：58.00 元

前 言

　　近年来，氧化铝工业在我国一直处于快速发展的阶段，氧化铝生产工艺也经历了从高耗能的烧结法到混联法、拜耳法等工艺技术的发展。与此同时，关于氧化铝生产化验的一系列国标也已非常完善。然而完整的、适合目前生产工艺的氧化铝化验技术一直停留在五十多年前的烧结法、混联法和拜耳法的三合一版本，且关于这方面的研究进展缓慢。由于行业人员素质水平的差异、理解的偏差，以及实际工作条件等局限性，氧化铝化验技术往往会出现一些偏差，导致结果不稳定或者出现一些操作错误等。鉴于此现状，编写了本书。

　　本书致力于较系统全面地介绍氧化铝相关行业分析化验的理论知识，并对部分关键的操作进行试验研究。在介绍理论知识时，努力做到具体详尽，并对操作细节进行强调和研究探讨，旨在做到准确和稳定。书中对氧化铝行业化验的基础知识和具体操作的详细介绍，以及关键操作的细节探讨和重点操作的原理分析，旨在对零基础化验人员有直接具体的指导。书中还对一些生产工艺进行技术研究，对氧化铝行业发展中出现的资源问题进行探索实验与前景分析。

书中对化验操作的基本原理进行了系统深入的阐述,对化验操作的理论进行了详细具体的阐述以及进行了必要的实验研究及探讨,对氧化铝行业新的发展方向进行了初步的试验研究,并取得比较理想的试验结果,以期为更多的研究人员提供参考。

　　作者从2013年开始从事氧化铝行业相关工作,积累了一定的实践经验。近年来进行粉煤灰提取氧化铝的系统研究,并且取得了初步成效。本书在编写过程中得到了柳林森泽集团的领导、工程师及化验室员工的大力支持,在此表示诚挚的谢意;同时感谢吕梁学院化学化工系的领导和师生,他们对本书的成稿提供了很多支持和帮助。

　　鉴于作者水平有限,加之时间仓促,书中难免存在不妥之处,敬请广大专家学者批评指正。

作者

2020年10月

目　录

第一章　氧化铝生产概述 ……………………………………………001

第一节　氧化铝生产现状 ………………………………………… 001

第二节　化验技术在氧化铝生产中的应用简介 ………………… 003

第三节　化验室的安全规程 ……………………………………… 005

第四节　溶液配制 ………………………………………………… 008

一、溶液浓度的表示方法 ……………………………………… 008

二、溶液的粗略配制 …………………………………………… 010

三、溶液的准确配制 …………………………………………… 011

四、标准溶液的配制 …………………………………………… 011

第五节　化验常用试剂的配制 …………………………………… 018

一、酸碱溶液的粗略配制 ……………………………………… 019

二、标准溶液的配制 …………………………………………… 020

　　三、化验室其他常用试剂的粗略配制 ……………………………… 027

　　四、常用指示剂的配制 …………………………………………… 029

　　五、分析 S^{2-} 所用试剂的配制 …………………………………… 030

　　六、基准试剂标准溶液的配制 …………………………………… 031

第二章　原料化验的原理及方法探讨 ……………………………… 032

　第一节　液碱 …………………………………………………… 032

　　一、酸碱滴定原理 ………………………………………………… 033

　　二、指示剂的选择原理 …………………………………………… 034

　　三、终点的判断与验证 …………………………………………… 035

　　四、液碱化验原理 ………………………………………………… 037

　　五、制备样品溶液 ………………………………………………… 037

　　六、化验分析 ……………………………………………………… 038

　　七、准确性探讨 …………………………………………………… 039

　第二节　工业用碳酸钠 ………………………………………… 040

　第三节　铝土矿 ………………………………………………… 041

　　一、铝土矿简介 …………………………………………………… 041

　　二、铝矿石的规范采样 …………………………………………… 046

　　三、铝土矿样品的制备 …………………………………………… 047

　　四、铝土矿试样溶液的制备 ……………………………………… 050

　　五、硅钼蓝光度法测定二氧化硅的含量 ……………………… 052

　　六、酸溶硅的测定 ………………………………………………… 056

　　七、邻二氮菲光度法测定三氧化二铁的含量 ………………… 057

八、EDTA 容量法测定三氧化二铝的含量 ·················· 060

九、二安替比林甲烷光度法测二氧化钛的含量 ·············· 062

十、氧化还原法测定负二价硫（S^{2-}）的含量 ·············· 064

第四节 铝土矿熔样温度的试验研究 ·················· 066

第五节 石灰 ···················· 067

一、酸碱容量法测定石灰中有效氧化钙的含量 ·············· 068

二、EDTA 容量法分别测定石灰中氧化钙和氧化镁的量 ····· 070

三、硅钼蓝光度法测定二氧化硅的含量 ·················· 072

第三章 过程液体物料的分析原理及方法探讨 ·············· 073

第一节 铝酸钠浆液简介 ···················· 073

第二节 铝酸钠浆液物理性质的分析 ·················· 076

一、液固比与固含率 ···················· 076

二、细度 ···················· 078

三、浮游物 ···················· 079

第三节 铝酸钠溶液化学成分的分析 ·················· 081

一、分析溶液的制备 ···················· 081

二、准确性探讨 ···················· 082

三、全碱、氧化铝的检测 ···················· 082

四、苛性碱的检测 ···················· 089

五、差减计算法求碳酸碱的含量 ·················· 092

六、比色法测定二氧化硅 ···················· 093

七、三氧化二铁的检测 ···················· 095

八、重量法测定硫酸根 ·· 097

九、重量法测定全硫 ·· 098

十、三氧化二镓的检测 ·· 099

第四节 铝酸钠浆液温度对分析结果的影响研究 ············· 101

第五节 生产用水的检测 ··· 103

一、生产用水中含碱量的测定 ································· 103

二、蒸发器冷凝水中碱度的测定 ······························ 103

三、工业用水总硬度的测定 ······································ 104

第六节 氧化铝生产中废水处理研究 ······························· 105

一、研究背景 ·· 105

二、原理及方法 ··· 106

三、结果与讨论 ··· 107

第七节 铝酸钠浆液中有机物的去除研究 ························· 109

一、研究背景 ·· 109

二、原理及方法 ··· 110

三、结果与讨论 ··· 112

第四章 过程固体物料的分析原理及方法探讨 ·············· 115

第一节 石灰乳的分析 ··· 115

一、固含率 ··· 116

二、容量法测定石灰乳中有效氧化钙的含量 ············· 117

第二节 赤泥的分析原理及方法探讨 ······························ 118

一、赤泥滤饼含水率的测定 ······································ 120

二、赤泥滤饼附碱的测定 …………………………………… 120

三、液固比的测定 …………………………………………… 122

第三节　絮凝剂对赤泥性能的影响研究 …………………………… 123

一、不同絮凝剂的沉降性能研究 …………………………… 123

二、絮凝剂的用量计算 ……………………………………… 127

第四节　赤泥分解试验研究 ………………………………………… 129

一、研究背景 ………………………………………………… 129

二、研究方法 ………………………………………………… 129

三、结果与讨论 ……………………………………………… 129

第五章　成品的分析原理及方法探讨 ………………………… 130

第一节　氧化铝产品化学分析 ……………………………………… 131

一、亚铁还原硅钼蓝光度法测定二氧化硅的含量 …………… 131

二、邻二氮菲光度法测定三氧化二铁的含量 ………………… 135

三、原子吸收法测氧化钠的含量 …………………………… 136

第二节　原子吸收分光光度计常见问题探索 …………………… 138

第三节　氧化铝产品物理分析 ……………………………………… 142

一、氧化铝灼烧失量的测定 ………………………………… 142

二、重量法测定氧化铝的水分 ……………………………… 142

三、氧化铝 pH 的分析 ……………………………………… 143

第四节　灼减温度对结果的影响研究 …………………………… 144

第六章　氧化铝行业发展前景及技术研究 ····················· 146

第一节　铝土矿资源现状及发展趋势 ···················· 146

一、综合利用程度不高 ······························· 146

二、铝土矿开采利用的难度增加 ···················· 147

三、铝土矿生产加工技术极富挑战 ················· 148

第二节　中铁铝土矿去铁试验研究 ···················· 148

第三节　去铁后脱硅试验研究 ························· 150

第四节　氧化铝精细化生产研究 ····················· 151

一、研究背景 ······································· 151

二、研究方法及结论 ······························· 152

第五节　粉煤灰提取氧化铝试验研究 ··············· 158

一、研究背景 ······································· 158

二、研究内容 ······································· 160

三、结果与讨论 ····································· 162

参考文献 ··· 166

第一章
氧化铝生产概述

第一节 氧化铝生产现状

我国第一家氧化铝生产工厂是 1954 年投产的山东铝厂，直到 1966 年才相继在我国其余省份建立新的氧化铝生产工厂，从此以后我国氧化铝产量不断提高，氧化铝生产企业如雨后春笋般出现在全国各地。目前已有上百家氧化铝生产企业，截至 2021 年 4 月底，我国氧化铝产能达约 7660 万吨/年。氧化铝生产工艺也经历了从高耗能的烧结法到混联法、拜耳法等工艺技术的发展。进入 21 世纪，随着我国经济的发展，对氧化铝的需求增大，我国氧化铝行业迅猛发展，氧化铝厂的规模不断扩大，图 1-1 记录了某氧化铝厂的发展壮大过程。图 1-1（a）是 21 世纪初期，烧结法生产工艺的氧化铝厂；2009 年该厂扩建二期工程，生产工艺也升级为混联法，见图 1-1（b）；2014 年通过技术改造，拜耳法工艺代替了混联法，并且继续扩建厂房，到 2019 年第三期工程投产，三期总规模见图 1-1（c）。

（a）一期图　　　　　　　　　　　　（b）二期图

（c）一期、二期、三期全貌

图 1-1　某氧化铝厂的发展壮大过程

拜耳法由奥地利化学家卡尔·约瑟夫·拜耳（Carl Josef Bayer）提出，故以他的名字命名。其反应方程式如下：

$$Al_2O_3 \cdot 3H_2O + 2NaOH \rightleftharpoons 2NaAlO_2 + 4H_2O$$

在上述反应中，$Al_2O_3 \cdot 3H_2O$ 也可换成 $Al_2O_3 \cdot H_2O$。

氧化铝生产的发展，不仅体现在工厂规模的扩大，更重要的是工艺的发展改进。近年来我国不断引进先进的氧化铝生产工艺，通过吸收国外的先进技术，并与自身生产经验进行融合，从而使我国的氧化铝生产技术得到有效的提升。例如，目前已经发展的新工艺有：间接加热连续脱硅、加热强化溶出、流态化焙烧等。这些新技术、新工艺的应用，不仅使我国氧化铝生产效率得到提升，还大大降低了对能源的消耗及对环境的污染。

但是，氧化铝行业的发展没有跟上时代发展的步伐，集中体现在生产方式基本还是停留在粗放式，对铝土矿的大量开采与消耗以及污染问题没有解决，尾矿没有综合利用等。这种单一的生产模式，和现代信息技术的发展有些脱节，生产流程中人工智能应用较少，生产化验基本都是停留在 20 世纪 50 年代的人工操作水平，对化验技术的研究投入甚少。

综上所述，为了能够使氧化铝产业得到持续的发展，必须要不断地优化成本投入，提高生产技术水平、开展多领域合作，降低能源消耗及环境污染，真正做到可持续发展。

第二节　化验技术在氧化铝生产中的应用简介

化验分析是氧化铝生产中的关键环节，有人将其比喻为生产的眼睛或是战斗中的侦察兵，都显示出化验分析的重要性。图 1-2 为拜耳法生产工艺流程及化验分析物料关系图。

从图 1-2 可以看出，氧化铝的常规化验中，图中序号 1~4 为原料，5~14 为生产过程物料及工艺，15 为成品物料。

原材料的分析不仅为大宗原材料的结算提供依据，也是生产配料、投料的基础；过程物料分析，对生产控制中心的指挥调配发挥着重要作用。从配料、溶出、分解到成品，都有一定的技术参数和指标，来确保生产的稳定与效率，还要保证低消耗高产出，所有这些都需要分析化验指标的准确、及时。而在化验操作中，有些操作非常关键，会直接影响氧化铝成本及产品质量。比如"取"这个词的使用，是"量取"还是"移取"，是"移液管准确移取"还是"量筒量取"，都意味着操作的不同准确程度。再比如，溶液浓度是 1 mol·L^{-1} 还是 1.0000 mol·L^{-1}，意味着是粗略配制还是准确配制。如果操作颠倒，不仅会增加化验成本，即增加氧化铝的生产成本，更重要的是，会使化验结果不合理，导致生产不稳定、成品不合格，造成原材料的大量浪费。安全生产无小事，化验规范要重视，让化验分析技术真正服务于生产，成为生产的眼睛。

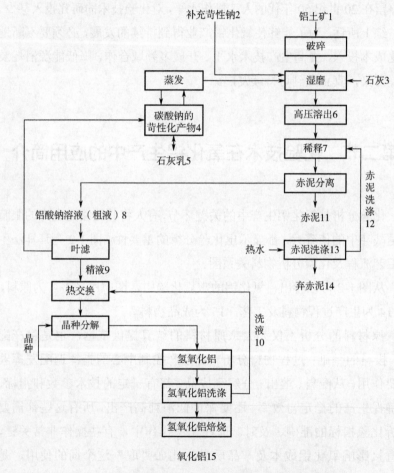

图1-2 拜耳法生产工艺流程与化验分析物料关系图

第三节　化验室的安全规程

化验室不同于其他场所，其中存有大量有毒、强腐蚀的物质，包括化验对象、物料以及试剂。也涉及很多价格高昂的仪器仪表、高温设备。学习化验室的安全规则以及一些标准规范的操作就非常有必要。我们提倡多思考，勇于探索，但是一定是科学的、经过反复推敲过的才可以去验证，而不是盲目好奇、简单尝试、随便操作，这样的行动可能会造成爆炸、烧伤或者引起其他事故。下面的安全常识，是每一位化验员都必须严格遵守的。

① 进入化验室之前，需认真学习相关安全知识，学习《化验室安全事故应急预案》，掌握化验室基本的安全知识和急救常识。化验室必须保持肃静，不准大声喧哗，不能到处乱走。

② 工作时，必须穿戴必要的劳动保护用品，不能穿拖鞋、裙子、短裤进入化验室。女性要将头发束起。

③ 对没有标签不知成分的药品，在未弄清物质性质之前，不得使用。不允许随意混合药品，以免发生意外事故。

④ 去车间取样时，要了解样品的性质及采样地点的环境，做好必要的防护措施。

⑤ 在使用剧毒、易燃、易爆等物质时，要特别注意，并应有必要的安全措施。剧毒药品使用完毕后，应洗净器皿，擦净台面，洗净手；废渣、废液应集中处理。有毒药品（如钡盐、铅盐、重铬酸钾等），不能进入口中或接触伤口。若毒物进入口内，将 5～10 mL 稀硫酸铜溶液加入一杯温水中，内服后，用手指伸入咽喉部，催吐，吐出毒物后立即送医院。

⑥ 工作时，要遵守设备仪器安全操作规程。工作中不要揉眼睛，以免将化学试剂揉入眼中。不要俯向容器去闻放出的气体，面部应远离容器，用手轻轻扇动，把放出的气体扇向自己的鼻孔。

⑦ 工作中途停电、停水时，应立刻关闭水龙头和电源开关。

⑧ 化验期间，保持地面、桌面干净整洁。用完的仪器及时清理干净，放回原处。损坏仪器时及时报告，保证化验顺利进行。

⑨ 操作中，会产生刺激性气味或者有毒气体的实验，应在通风橱内进行。并保持头部在通风橱外（以免中毒）。

⑩ 使用钢瓶内气体或可燃性气体（煤气或天然气）时，要防止漏气，一旦漏气，马上终止操作，进行检查；使用完毕后，及时关闭阀门（以免发生煤气中毒或爆炸）。

⑪ 配制大量放热的溶液时，如氢氧化钠、硫酸等，应使用耐热的容器，并置于冷水槽中进行，边加入边搅拌。

⑫ 加热溶液时，要防止溶液暴沸引起烫伤。倾注溶液或加热液体时，容易溅出，切勿俯视。

⑬ 易燃及易挥发物品，如油类、酚类、苯类、醚类、黄磷、硫黄、浓盐酸、浓氨水等，应放在通风阴凉的地方，室温高时，在开启瓶塞前应先在冷水下冷却，注意不要使瓶口对准自己或他人的面部。

⑭ 禁止以湿手触动电气开关，或用湿抹布擦电气设备。

⑮ 不了解电气设备的性能时，不能进行修理。

⑯ 试剂取用，要避免污染。配制好的试剂贴好标签，注明名称、浓度等具体细节。放置时注意标签向外，以便识别。倾倒试剂时，标签对准手心，用完及时清理。不准把试剂带出化验室。

⑰ 化验室内严禁烟火，严禁闲杂人员入内。禁止吸烟、喝水和饮食，禁止带入饮食用具。化验室冰箱禁止储放食物和饮品。

⑱ 充分熟悉安全用具如灭火器、急救箱的存放位置和使用方法，并妥善保存，安全用具及急救药品不准移作他用。

⑲ 在电器仪表使用过程中，如发现有不正常声响、局部升温或嗅到绝缘漆过热产生的焦味，应立即切断电源，第一时间报告值班人员并请专业人士进行检查。

⑳ 化验完毕后，使用肥皂和水彻底清洗双手，并对化验室做一次系统的检查，关好门、窗、水龙头和电源，认真做好"防水、防火、防盗、防破坏"的工作。

㉑ 发现有人触电时，应立即切断电源，或使导线与被害者分开（用绝缘体），然后在必要时进行人工呼吸。

㉒ 从高温箱取放药品时，要戴高温手套，用坩埚钳。灼热的器皿需置于石棉网上，不可与冷物体接触（以防炸裂），不可用手接触（以免烫伤），更不能立即放入柜内或台面上（以免着火或烙坏台面）。

㉓ 稀释浓硫酸时，不能将水倒入浓硫酸中，而应将浓硫酸在不断搅拌下，缓慢加入水中。

㉔ 酒精灯未熄灭之前，不要往灯内添加酒精。切勿将火柴盒垫在灯底下。点燃的火柴应立即熄灭，不能乱扔。

㉕ 若不慎起火要立即一面灭火，一面防止火势蔓延（如采取切断电源、移走易燃药品等措施）。灭火要针对起火原因选用合适的灭火方法和灭火设备。一般的小火用湿布、石棉布或沙子覆盖燃烧物，即可灭火。火势大时可使用泡沫灭火器。但电器所引起的火灾，只能使用二氧化碳或四氯化碳灭火器灭火，不能使用泡沫灭火器，以免损坏电器和引起触电。化验人员衣服着火时，切勿惊慌乱跑，赶快脱下衣服，用湿布覆盖着火处。

㉖ 吸取液体，要使用洗耳球，严禁用嘴吸取。

㉗ 不能用玻璃仪器盛食物或饮水。

㉘ 吸入刺激性或有毒气体，如吸入氯气、氯化氢气体时，可吸入少量酒精和乙醚的混合蒸气解毒。吸入硫化氢或一氧化碳气体而感到不适时，应立即到室外呼吸新鲜空气。

㉙ 使用水银（汞）温度计时，要特别小心。若水银温度计不小心打破，液态汞将挥发为有毒的汞蒸气，应立即在汞面上以硫黄或者沙土覆盖。

㉚ 当酸（或碱）洒在身上时，要迅速用大量水冲洗（注意水压不能太大，容易冲破受伤黏膜），再用碳酸氢钠饱和溶液（或1%～2%乙酸溶液）冲洗，最后再用水冲洗，涂敷氧化锌软膏（或硼酸软膏）。酸（或碱）灼伤眼睛不要揉搓眼睛，立即用大量水冲洗（注意水压不能太大，容易冲破受伤黏膜），若灼伤的是右眼则头向右倾，再用2%的硫酸氢钠溶液（或用2%的硼酸溶液）淋洗，然后用蒸馏水冲洗，而后去医院治疗。

第四节　溶液配制

在化验中，常需配制各种溶液来满足不同化验的要求。如对溶液浓度的准确性要求不高，一般利用台秤（托盘天平）、量筒及带刻度烧杯等低准确度的仪器来粗配溶液即可满足要求；如要求较高，则须使用移液管、移液枪、电子分析天平等高准确度的仪器精确配制溶液。不论是哪种配制方法，首先都要计算所需试剂的用量，然后再进行配制。

一、溶液浓度的表示方法

根据用途的不同，溶液浓度有多种表示方法，如物质的量浓度、质量摩尔浓度、质量分数、质量浓度、体积分数、体积比浓度、滴定度等。

1. 物质的量浓度

单位体积溶液中所含溶质 B 的物质的量，称为物质的量浓度。以 c_B

表示，常用单位是 mol·L^{-1}。

2. 质量摩尔浓度

每千克溶剂中所含溶质 B 的物质的量。以 b_B 表示，单位是 mol·kg^{-1}。用质量摩尔浓度来表示溶液的组成，优点是其量值不受温度的影响，缺点是使用不方便。

3. 质量分数（亦称质量百分比浓度）

溶液中某溶质的质量与溶液的总质量之比，也可用百分数的形式表示。如果溶液中含百万分之几（10^{-6}）的溶质，用 ppm 表示，如 5 ppm＝5×10^{-4}%，如果溶液中含一亿分之几（10^{-9}）的溶质，用 ppb 表示，1 ppm＝1000 ppb。

4. 质量浓度（亦称密度）

单位体积溶液中含某物质的质量，称为质量浓度，用 ρ 表示，常用单位是 mg·L^{-1} 或 g·L^{-1} 等。

5. 体积分数（亦称体积百分浓度）

溶液中某组分的体积与溶液的总体积之比，即 100 mL 溶液中所含溶质的体积（mL）。例如95%乙醇，就是 100 mL 溶液中含有 95 mL 乙醇。如果浓度很稀也可用 ppm 和 ppb 表示。1 ppm＝1 mg·mL^{-1}，1 ppb=1 ng·mL^{-1}。

6. 体积比浓度

用溶质与溶剂的体积比表示的浓度。如 1∶1（或 1+1）盐酸，表示量取 1 体积的浓盐酸和 1 体积的水混合的溶液；又如 1∶3（或 1+3）H_2SO_4 溶液，表示量取 1 体积浓 H_2SO_4 与 3 体积的水混合均匀的溶液。

7. 滴定度

滴定度是溶液浓度的另一种表示方法，它有两种含义。当分析对象固定时，指每毫升标准溶液 B 相当于被测物质 A 的质量，用 $T_{B/A}$ 表示，单位是 g·mL^{-1} 或 mg·mL^{-1}。例如：$T_{HCl/NaOH}=0.2001$ g·mL^{-1}，表示 1.00 mL HCl 标准溶液相当于 0.2001 g 的 NaOH，即 1.00 mL HCl 标准溶液恰能与 0.2001 g 的 NaOH 完全反应。

如果同时固定试样的质量，则指每毫升标准溶液相当于被测物质的质量分数，用 $T_{B/A\%}$ 表示，单位是 $\% \cdot mL^{-1}$。例如 $T_{HCl/NaOH}\% = 1.201\% \cdot mL^{-1}$，表明固定试样为某一质量时，滴定中每消耗 HCl 标准溶液 1.00 mL，就可以中和试样中 1.201% 的 NaOH。若消耗 HCl 标准溶液 10.00 mL，则试样中 NaOH 的质量分数为：$w_{NaOH} = 1.201\% \cdot mL^{-1} \times 10.00\ mL = 12.01\%$。这样计算被测组分的含量相当方便。

二、溶液的粗略配制

用固体试剂配制溶液的基本流程为：

称量固体试剂→溶解→稀释至刻度（冷后）

先计算出配制溶液所需试剂用量，用台秤称取所需的固体试剂，加入带刻度烧杯中，加入少量蒸馏水搅拌使固体完全溶解后，冷却至室温，用蒸馏水稀释至刻度，即得所需浓度的溶液。也可将冷却至室温的溶液用玻璃棒移入量筒或量杯中，用少量蒸馏水洗涤烧杯和玻璃棒 2~3 次，洗涤液也移入量筒或量杯中，再用蒸馏水稀释至刻度即可。

用液体试剂配制溶液的基本流程为：

量取浓溶液→混合→稀释至刻度（冷后）

若用液体试剂配制溶液，则先计算出所需液体试剂的体积，用量筒或量杯量取所需液体，倒入装有少量水的烧杯中混合，待溶液冷却至室温，用蒸馏水稀释至刻度即可。

配好的溶液不可在烧杯或量筒中久存，混合均匀后，要移入试剂瓶中，贴上标签备用。标签见图1-3。

| 试剂名称＿＿＿＿＿ |
| 浓　　度＿＿＿＿＿ |
| 配制日期＿＿＿＿＿ |

图1-3　试剂瓶标签

三、溶液的准确配制

用固体试剂准确配制溶液的基本流程为：

精确称量→溶解→转移→定容→装瓶

先算出所需试剂用量，用电子分析天平准确称取固体试剂，倒入烧杯中，加少量蒸馏水搅拌至完全溶解，冷却至室温，将溶液移入容量瓶（容积与所需配制的溶液体积相同）中，用少量蒸馏水洗涤烧杯和玻璃棒 2～3 次，洗涤液也移入容量瓶，再加蒸馏水定容，摇匀溶液后移入试剂瓶中，贴上标签备用。

用液体试剂准确配制溶液的基本流程为：

准确移取浓溶液→混合→定容→装瓶

用浓溶液稀释配制稀溶液时，先计算出所需液体试剂的体积，用移液管或吸量管直接将所需液体移入容量瓶中，然后按要求稀释定容即可。配好的溶液最后也要移入试剂瓶中保存。

另外，配制饱和溶液时，应加入比计算量稍多的溶质，先加热使其完全溶解、然后冷却，待结晶析出后再用，这样可保证溶液饱和。配制易水解的盐溶液时，不能直接将盐溶解在水中，而应先溶解在相应的酸溶液或碱溶液中，然后再用蒸馏水稀释到所需的浓度，这样可防止水解。对于易氧化的低价金属盐类，不仅需要酸化溶液，而且应在溶液中加入少量相应的纯金属，以防低价金属离子被氧化。配好的溶液要保存在试剂瓶中，并贴好标签，注明溶液的浓度、名称以及配制日期。

四、标准溶液的配制

标准溶液是已确定其主体物质准确浓度或其他特性量值的溶液。化学实验中常用的标准溶液主要有三类：滴定分析用标准溶液、仪器分析用标准溶液和测量溶液 pH 用标准缓冲溶液。这里只介绍滴定分析用标准溶液。滴定分析用标准溶液用于测定试样中的常量组分，其浓度值保留四位有效数字，其不确定度为 ±0.2%。在容量分析中用作滴定剂，以滴定被测物质。主要有两种配制方法：一是直接法，二是标定法（间接配制法）。

1. 直接法配制

如果试剂符合基准物质的要求，即组成与化学式相符（如酸是混合物，与化学式不相符）、纯度高、稳定（加热干燥时不分解，称量时不吸湿，不吸收空气中的 CO_2，不被空气氧化等）、试剂具有较大的摩尔质量（摩尔质量越大，物质的量一定时称取的量就越多，称量误差就可以相应地减小），可以直接配制标准溶液。即用分析天平准确称出适量的基准物质，溶解后，定容在一定体积的容量瓶内。其标准溶液的浓度为：

$$c = \frac{m/M}{V \times 10^{-3}}$$

式中　c——所需配制溶液的物质的量浓度，$mol \cdot L^{-1}$；

　　　m——称量的基准物质的质量，g；

　　　M——基准物质的摩尔质量，$g \cdot mol^{-1}$；

　　　V——容量瓶的容积，mL。

若用直接法配制一定浓度一定体积的标准溶液，称量的质量由下式计算：

$$m = cV \times 10^{-3}M$$

式中各符号的意义同上式。

例如，需配制 500 mL 浓度为 $0.01000 \, mol \cdot L^{-1}$ 的 $K_2Cr_2O_7$ 溶液时，应在分析天平上准确称取基准物质 $K_2Cr_2O_7$ 的质量为：$m = 0.01000 \times 500 \times 10^{-3} \times 294.18 = 1.4709$（g），称取后于小烧杯中，加少量水使之溶解，定量转入 500 mL 容量瓶中，加水稀释至刻度，即为所需浓度的溶液。

另外，较稀的标准溶液可由较浓的标准溶液稀释而成。例如，分光光度分析法中需用 $1.79×10^{-3}$ mol·L^{-1} 标准铁溶液。计算得知须准确称取 10 mg 纯金属铁，但在一般分析天平上无法准确称量，因其质量太小、称量误差大。因此常常采用先配制储备标准溶液，然后再稀释至所要求的标准溶液浓度的方法。可在分析天平上准确称取高纯度（99.99%）金属铁 1.0000 g，然后在小烧杯中加入约 30 mL 浓盐酸使之溶解，定量转入 1 L 容量瓶中，用 1 mol·L^{-1} 盐酸稀释至刻度。此标准溶液含铁 $1.79×10^{-2}$ mol·L^{-1}。移取此标准溶液 10.00 mL 于 100 mL 容量瓶中，用 1 mol·L^{-1} 盐酸稀释至刻度，摇匀，此标准溶液含铁 $1.79×10^{-3}$ mol·L^{-1}。由储备液配制成操作溶液时，原则上只稀释一次，必要时可稀释两次。稀释次数太多将导致累积误差太大，会影响分析结果的准确度。

直接法比较简单，但基准物质价格太高，不实用。而且有些物质，其纯度难以保证。例如盐酸和 NaOH 标准溶液在酸碱滴定中最常用，但由于浓盐酸含有杂质而且易挥发，氢氧化钠固体易吸收空气中的二氧化碳和水蒸气，因此它们均非基准物质，故只能选用标定法来确定所配溶液的准确浓度。

2. 标定法配制

如果试剂不符合基准物质的要求，则先配成近似于所需浓度的溶液，然后再用基准物质准确地测定其浓度，这个过程称为溶液的标定，这种方法称为间接配制法或标定法。例如氢氧化钠固体容易吸收二氧化碳和水，难以提纯，为了配制氢氧化钠标准溶液，需粗略称出氢氧化钠的质量，把它溶解在蒸馏水中，稀释至所需体积，然后用邻苯二甲酸氢钾（$KHC_8H_4O_4$，缩写为 KHP）为基准物质标定氢氧化钠溶液的浓度。

间接配制法配制标准溶液时，由于最后要标定，一般只要求准确到 1～2 位有效数字，故可用量筒量取液体或在台秤上称取固体试剂，加入的溶剂（如去离子水）用量筒或量杯量取即可。但是在标定溶液的整个过程中，一切操作要求严格、准确。称量基准物质必须使用分析天平，称准至小数点后四位有效数字。所要标定溶液的体积，如要进行浓度计算的均要用容量瓶、移液管、滴定管等准确操作，不能马虎。

（1）标定碱的基准物质　常用标定碱标准溶液的基准物质有邻苯二甲酸氢钾、草酸等。

① 邻苯二甲酸氢钾（$KHC_8H_4O_4$）。它易制得纯品，在空气中不吸水，容易保存，摩尔质量较大，是一种较好的基准物质。

标定反应如下：

计算式：

$$c_{NaOH} = \frac{\dfrac{m_{KHC_8H_4O_4}}{M_{KHC_8H_4O_4}}}{V_{NaOH} \times 10^{-3}}$$

式中　$m_{KHC_8H_4O_4}$——邻苯二甲酸氢钾的质量，g；

$M_{KHC_8H_4O_4}$——邻苯二甲酸氢钾的摩尔质量，$g \cdot mol^{-1}$；

V_{NaOH}——消耗 NaOH 溶液的体积，mL；

c_{NaOH}——NaOH 溶液的浓度，$mol \cdot L^{-1}$。

化学计量点时，反应产物为二元弱碱，在水溶液中呈弱碱性，pH约为 9.05，可选用酚酞、百里酚蓝指示剂或酚酞-百里酚蓝混合指示剂。

邻苯二甲酸氢钾使用前要在 105～110 ℃烘箱内干燥 2 h，然后放置在干燥器中备用。干燥温度过高，则脱水成为邻苯二甲酸酐。

② 草酸（$H_2C_2O_4 \cdot 2H_2O$）。它在相对湿度为 5%～95%时不会风化

失水，干燥条件是室温空气干燥，故将其保存在磨口玻璃瓶中即可。草酸固体状态比较稳定，但溶液状态的稳定性较差。由于它具有还原性，空气能使草酸溶液慢慢氧化，光和 Mn^{2+} 能催化其氧化，因此，$H_2C_2O_4$ 标准溶液必须置于暗处存放。标定氢氧化钠标准溶液时，常用草酸固体。

草酸是二元弱酸，$K_{a_1} = 5.9 \times 10^{-2}$，$K_{a_2} = 6.4 \times 10^{-5}$，两者相差不大，不能分步滴定，但 K_{a_1} 和 K_{a_2} 数值较大，两级解离的 H^+ 能一次被滴定。

标定反应为：

$$H_2C_2O_4 + 2NaOH = Na_2C_2O_4 + 2H_2O$$

计算式：

$$c_{NaOH} = \frac{\dfrac{m_{H_2C_2O_4 \cdot 2H_2O} \times 2}{M_{H_2C_2O_4 \cdot 2H_2O}}}{V_{NaOH} \times 10^{-3}}$$

式中 $m_{H_2C_2O_4 \cdot 2H_2O}$——草酸（$H_2C_2O_4 \cdot 2H_2O$）的质量，g；

$M_{H_2C_2O_4 \cdot 2H_2O}$——草酸（$H_2C_2O_4 \cdot 2H_2O$）的摩尔质量，$g \cdot mol^{-1}$；

V_{NaOH}——消耗 NaOH 溶液的体积，mL；

c_{NaOH}——NaOH 溶液的浓度，$mol \cdot L^{-1}$。

反应产物为 $Na_2C_2O_4$，化学计量点的 pH 约为 8.36，在水溶液中显微碱性，可选用酚红、酚酞指示剂或甲酚红-百里酚蓝混合指示剂。

（2）标定酸的基准物质 常用于标定酸的基准物质有无水碳酸钠和硼砂。

① 无水碳酸钠（Na_2CO_3）。它易吸收空气中的水分，使用前应将其置于 270~300 ℃烘箱内干燥 1 h，然后保存于干燥器中备用。

标定反应为：

$$Na_2CO_3 + 2HCl = 2NaCl + H_2O + CO_2\uparrow$$

计算式：

$$c_{HCl} = \frac{\dfrac{m_{Na_2CO_3}}{M_{Na_2CO_3}} \times 2}{V_{HCl} \times 10^{-3}}$$

式中　$m_{Na_2CO_3}$——无水碳酸钠（Na_2CO_3）的质量，g；

　　　$M_{Na_2CO_3}$——无水碳酸钠（Na_2CO_3）的摩尔质量，$g \cdot mol^{-1}$；

　　　V_{HCl}——消耗盐酸溶液的体积，mL；

　　　c_{HCl}——盐酸溶液的浓度，$mol \cdot L^{-1}$。

化学计量点时，为 H_2CO_3 饱和溶液，pH 为约 3.9，可选用溴甲酚绿、甲基橙作指示剂或甲基橙-靛蓝二磺酸钠混合液作指示剂。以甲基橙作指示剂应滴至溶液呈橙色为终点。为了提高滴定的准确度，应使 H_2CO_3 的过饱和部分不断分解逸出，临近终点时应将溶液剧烈摇动或加热。

Na_2CO_3 基准物的缺点是容易吸水，由于称量而造成的误差也稍大，所以称量时动作要快；此外终点时变色也不甚敏锐。

② 硼砂（$Na_2B_4O_7 \cdot 10H_2O$）。它易于制得纯品，吸湿性小，摩尔质量大。当空气中相对湿度小于 39% 时，有明显的风化失水现象。使用前必须干燥，并置于相对湿度为 60% 的室温干燥器（下置食盐和蔗糖饱和溶液）中保存。

标定反应为：

$$Na_2B_4O_7 + 2HCl + 5H_2O =\!=\!= 4H_3BO_3 + 2NaCl$$

计算式：

$$c_{HCl} = \frac{\dfrac{m_{Na_2B_4O_7 \cdot 10H_2O}}{M_{Na_2B_4O_7 \cdot 10H_2O}} \times 2}{V_{HCl} \times 10^{-3}}$$

式中　$m_{\mathrm{Na_2B_4O_7 \cdot 10H_2O}}$——硼砂（$Na_2B_4O_7 \cdot 10H_2O$）的质量，g；

　　　$M_{\mathrm{Na_2B_4O_7 \cdot 10H_2O}}$——硼砂（$Na_2B_4O_7 \cdot 10H_2O$）的摩尔质量，g·$mol^{-1}$；

　　　V_{HCl}——消耗盐酸溶液的体积，mL；

　　　c_{HCl}——盐酸溶液的浓度，mol·L^{-1}。

产物为 H_3BO_3，其水溶液 pH 约为 5.1，可用甲基红指示剂或甲基红-溴甲酚绿混合指示剂。

配制标准溶液时，一般先配制浓度较高的标准贮备液，使用前再用贮备液配制所需浓度的稀标准溶液。分成两步配制的原因是：很稀的溶液放置时，由于器壁吸附等原因，浓度有可能逐渐降低，先配成贮备液就可防止这种现象发生；配制很稀的溶液时，有时称量的质量太小，在一般分析天平上无法准确称量，先配成贮备液，称量的质量增大，就可在一般分析天平上准确称量；另外，在分析测试中，使用统一的标准溶液是监测质量控制的重要一环，否则将影响数据的可比性与准确性。

3. 准确性探究

① 基准试剂要预先按规定的方法进行干燥。经热烘或灼烧进行干燥的试剂，如果是易吸湿的，例如 Na_2CO_3、NaCl 等，在放置一周后再使用时应重新进行干燥。

② 要选用符合试验要求的纯水。络合滴定和沉淀滴定用的标准溶液对纯水的质量要求较高，一般应使用纯度高于三级水的纯水；其他标准溶液通常使用三级水；配制 NaOH、$Na_2S_2O_3$ 等溶液时，要使用临时煮沸并快速冷却的纯水。

③ 当某溶液可用多种标准物质及指示剂进行标定时，如 EDTA（乙二胺四乙酸）溶液，原则上应保持标定和测定的条件相同或相近，以减少系统误差。

④ 标准溶液应密闭保存，避免阳光直射，甚至完全避光，见光易分解的标准溶液用棕色瓶贮存。贮存的标准溶液，由于水分蒸发，水珠

凝结于瓶壁，使用前应摇匀。

⑤ 标准溶液要定期标定。较稳定的标准溶液的标定周期为 1～2 个月；有些溶液的标定周期很短，例如 Fe^{2+} 标准溶液；有的溶液要在使用当天进行标定，例如卡尔·费歇尔试剂（Karl Fischer reagent），遇水分解较快。溶液的标定周期长短，除与溶质本身的性质有关外，还与配制方法、保存方法及实验室的环境有关。

⑥ 浓度低于 $0.01\ mol \cdot L^{-1}$ 的标准溶液不宜长期存放，应在使用前用较高浓度的标准溶液进行定量稀释。

⑦ 长期或频繁使用的溶液应装在下口瓶中或有虹吸管的瓶中，进气口应安装过滤管，内填适当的物质（例如钠石灰可过滤 CO_2 及酸气，干燥剂可过滤水汽）。

⑧ 当对实验结果的精确度要求不是很高时，可用优级纯或分析纯试剂代替同种的基准试剂进行标定。本书定量化学分析实验中的溶液标定，一般以优级纯或分析纯试剂代替基准试剂。

本书所用试剂，除作特殊说明者外，均采用分析纯试剂。所用水均为高纯水。

第五节　化验常用试剂的配制

化验室配制酸碱溶液有的需要标定为准确浓度，有的只需要粗略配制。判断要不要标定的关键是，如果只是提供一个酸性、碱性环境，不参与准确计算，粗略配制即可，这样可以减少时间、人力的损耗，也不需要用基准试剂，减少化验成本。

一、酸碱溶液的粗略配制

化验室常用的酸溶液通常采用强酸来配制，如盐酸、硫酸、硝酸等。但一般中和法中，应用较多的是盐酸。因为盐酸的酸性较硫酸更强一些，而且不显氧化性，不会氧化指示剂。用盐酸标准溶液滴定时，在化学计量点附近 pH 的突跃显著，指示剂变色明显，且生成的大多数氯化物易溶于水，各种杂质阳离子的存在，一般不会对滴定造成干扰。并且稀的盐酸溶液稳定性较高，所以通常配制酸溶液时多采用盐酸。

浓盐酸是氯化氢气体的水溶液，质量分数为 36%～38%，物质的量浓度为 12 mol·L^{-1}，密度比水大，为 1.179 g·cm^{-3}。在空气中浓盐酸极易挥发，有刺鼻气味，其挥发出来的氯化氢会和空气中的水蒸气结合，形成盐酸的小液滴，在空气中产生白雾。浓盐酸有强的腐蚀性、酸性。一般为无色溶液，工业盐酸因含杂质氯化铁而带黄色。下面是一些常见溶液的粗略配制方法。

① 0.1 mol·L^{-1} 的盐酸：量取 83.3 mL 的浓盐酸，以水稀释至 10 L，混匀；

② 1.0 mol·L^{-1} 的盐酸：量取 833.3 mL 的浓盐酸，以水稀释至 10 L，混匀；

③ 3.0 mol·L^{-1} 的盐酸：量取 2500 mL 的浓盐酸，以水稀释至 10 L，混匀；

④ 1+1 的盐酸：量取 1 体积浓盐酸与 1 体积水混匀；

⑤ 1+99 的盐酸：量取 1 体积浓盐酸与 99 体积水混匀；

⑥ 1+1 的硫酸：量取 1 体积浓硫酸缓慢注入预先盛有 1 体积水的烧杯中（一定是酸往水中加，同时要在不断搅拌和冷却下缓慢加入），混匀，冷却后倾入试剂瓶中；

⑦ 10% 的 NaOH 溶液：将 10 g NaOH 溶于 100 mL 水中；

⑧ 2 mol · L^{-1} 的 NaOH 溶液：称取 80 g NaOH 溶于水中，稀释至 1000 mL。

二、标准溶液的配制

化验室标准溶液的配制有两种方式：一种是对于稳定试剂，直接准确称量进行配制；另一种是关于酸的，都是混合溶液，没法直接准确配制，这样就只能先粗略配制，然后标定。

1. 盐酸标准溶液的配制

盐酸标准溶液的配制分两步，先粗略配制，然后用浓度接近的 NaOH 标准溶液或者采用硼酸或碳酸钠基准试剂进行标定，基准试剂常用 Na$_2$CO$_3$。

（1）粗略配制

① 0.1 mol · L^{-1} 的 HCl 溶液：量取 83.3 mL 的浓盐酸，以水稀释至 10 L，混匀；

② 0.3226 mol · L^{-1} 的 HCl 溶液：量取 268.9 mL（约 270 mL）的浓盐酸，以水稀释至 10 L，混匀；

③ 0.5 mol · L^{-1} HCl 溶液：量取 416.7 mL 的浓盐酸，以水稀释至 10 L，混匀；

④ 1.0 mol · L^{-1} 的 HCl 溶液：量取 833.3 mL 的浓盐酸，以水稀释至 10 L，混匀。

（2）盐酸标准溶液的标定

① 用已知浓度的 NaOH 溶液进行标定。如 0.3226 mol · L^{-1} 的 HCl 溶液，移取 10 mL 盐酸于 500 mL 锥形瓶中，加入 50 mL 水，加 2 滴酚酞，用 0.3226 mol · L^{-1} 氢氧化钠标准溶液滴定到微红色即为终点。

② 采用硼酸或碳酸钠基准试剂进行标定，常用 Na$_2$CO$_3$ 标定。用电子分析天平准确称取于 270～300 ℃ 高温炉中灼烧 1 h 的工作基准试剂

无水碳酸钠 m g，溶于 50 mL 纯水中，加 10 滴溴甲酚绿-甲基红指示剂，用配好的盐酸溶液滴定至溶液由绿色变为暗红色，煮沸 2 min，冷却后继续滴定至溶液呈暗红色，消耗盐酸总体积为 V_1（mL）。同时做空白试验，消耗盐酸体积为 V_0（mL）。盐酸标准滴定溶液的浓度 c_{HCl} 按下式计算：

$$c_{HCl} = \frac{m \times 1000}{(V_1 - V_0)M}$$

式中　m——无水碳酸钠的质量，g；

　　　V_1——滴定消耗的盐酸溶液的体积，mL；

　　　V_0——空白试验消耗的盐酸溶液的体积，mL；

　　　M——$\frac{1}{2}$ NaCO$_3$ 的摩尔质量，53 g·mol^{-1}；

　　　c_{HCl}——盐酸溶液的浓度，mol·L^{-1}。

2. 硫酸标准溶液的配制

硫酸标准溶液的配制分两步，先粗略配制，然后用碳酸钠基准试剂进行标定。

（1）粗略配制　0.05 mol·L^{-1} 的 H_2SO_4 溶液：用量筒量取 14 mL 浓硫酸缓慢倒入已加入 5 L 水的试剂瓶中，混匀。

（2）硫酸标准溶液的标定　直接称取于 270～300 ℃高温炉中灼烧至恒重的基准试剂无水碳酸钠 m g，溶于 50 mL 水中，加 2～3 滴甲基红-亚甲基蓝指示剂，用配好的硫酸溶液滴定至溶液由绿色变为紫色，煮沸 2 min，冷却后继续滴定至溶液为紫色。同时做空白试验。

$$c_{H^+} = \frac{m \times 1000}{(V_1 - V_0) \times M} \times 2$$

式中　m——无水碳酸钠的质量，g；

　　　V_1——滴定消耗的硫酸溶液的体积，mL；

V_0——空白试验消耗的硫酸溶液的体积，mL；

M——无水碳酸钠的摩尔质量，106 g·mol^{-1}；

c_{H^+}——氢离子的浓度，mol·L^{-1}。

细节探讨：

①此计算方法所得为氢离子浓度，氢离子浓度是硫酸浓度的 2 倍，即配制 0.05 mol·L^{-1} 硫酸标准溶液时氢离子浓度为 0.1 mol·L^{-1}。

②指示剂甲基红-亚甲基蓝的配制：准确称取 0.125 g 甲基红和 0.085 g 亚甲基蓝倒入研钵中，研磨均匀后，倒入 100 mL 无水乙醇混匀后装瓶备用。

3. 标准碱溶液的配制

氢氧化钠标准溶液的配制分两步，先粗略配制，然后用邻苯二甲酸氢钾基准试液标定。

（1）粗略配制

① 0.3226 mol·L^{-1} NaOH 标准溶液：托盘天平称取 129.04 g（0.3226 mol·L^{-1}×40 g·mol^{-1}×10 L=129.04 g）氢氧化钠，用水溶于 10 L 的试剂瓶中，混匀。

② 0.1000 mol·L^{-1} NaOH 标准溶液：托盘天平称取 40.00 g（0.1 mol·L^{-1}×40 g·mol^{-1}×10 L=40 g）氢氧化钠，用水溶于 10 L 的试剂瓶中，混匀。

③ 0.1614 mol·L^{-1} NaOH 标准溶液：托盘天平称取 64.56 g（0.1614 mol·L^{-1}×40 g·mol^{-1}×10 L=64.56 g）氢氧化钠，用水溶于 10 L 的试剂瓶中，混匀。

（2）标准碱溶液标定　采用邻苯二甲酸氢钾基准试液标定。

将邻苯二甲酸氢钾在 110～120 ℃烘干 2 h，然后用电子分析天平准确称量，配制基准试剂。

① 0.1 mol·L^{-1} 邻苯二甲酸氢钾基准试液：准确称取 204.22 g·mol^{-1}×0.1 mol·L^{-1}×1 L=20.4220 g 邻苯二甲酸氢钾，用煮沸冷却后

的蒸馏水溶解，定容至 1 L 的容量瓶中，混匀。

② 0.3226 mol·L^{-1} 邻苯二甲酸氢钾基准试液：准确称取 204.22 g·mol^{-1}×0.3226 mol·L^{-1}×1L=65.8814 g 邻苯二甲酸氢钾，用煮沸冷却后的蒸馏水溶解，定容至 1 L 的容量瓶中，混匀。

注：邻苯二甲酸氢钾的摩尔质量为 204.22 g·mol^{-1}。

以标定 0.3226 mol·L^{-1} 的氢氧化钠标准溶液为例，标定方法如下：准确移取 0.3226 mol·L^{-1} 基准邻苯二甲酸氢钾溶液 5.00 mL 于 500 mL 锥形瓶中，加入 50 mL 煮沸冷却后的蒸馏水，加入 3 滴 1%的酚酞指示剂，用标准氢氧化钠溶液滴定至溶液由无色变为微红色，如氢氧化钠溶液用量比理论用量少，则往氢氧化钠溶液中加蒸馏水，摇匀，重新滴定，直到实际用量和理论用量一致即可。按下述方式进行调整。

（3）标准溶液体积调整

① 经标定后，被标定的物质的量浓度大于所要求的浓度，此时应该加水冲稀，加水量按下式计算：

$$V_水 = \frac{c_0 - c}{c} \times V_0$$

式中 $V_水$——添加水的体积，mL；

c_0——初次测定的溶液的物质的量浓度，mol·L^{-1}；

V_0——初次标定的溶液的总体积，mL；

c——要求的标准溶液的物质的量浓度，mol·L^{-1}。

② 经标定后，被标定的溶液浓度小于要求的标定浓度，此时必须加入已知浓度（浓度大于标准溶液）的溶液进行调整。添加已知浓度溶液的计算公式如下：

$$V_1 = \frac{c - c_0}{c_1 - c} \times V_0$$

式中 V_1——添加的已知浓度溶液的体积，mL；

c_1——添加已知浓度溶液的物质的量浓度，$mol \cdot L^{-1}$；

c_0——初次标定溶液的物质的量浓度，$mol \cdot L^{-1}$；

c——要配制的标准溶液的物质的量浓度，$mol \cdot L^{-1}$；

V_0——初次标定的溶液的总体积，mL。

4. EDTA标准溶液的配制

EDTA 是乙二胺四乙酸的简称，常用 H_4Y 表示，是一种氨羧络合剂，能与大多数金属离子形成稳定的 1：1 型螯合物，但溶解度较小，常温下在水中仅溶解 $0.2\,g \cdot L^{-1}$（约 $0.0007\,mol \cdot L^{-1}$），在分析中不适用于配制标准溶液。通常使用其二钠盐配制标准溶液。乙二胺四乙酸二钠盐（$Na_2H_2Y \cdot 2H_2O$）也称为 EDTA 或 EDTA 二钠盐，常温下在 100 mL 水中可溶解 11.1 g，约 $0.3\,mol \cdot L^{-1}$，其溶液 pH 约为 4.4。在络合滴定中常将其配制成浓度为 $0.02\,mol \cdot L^{-1}$ 的溶液。

市售 EDTA 因常吸附 0.3%~0.5%的水分，且其中含有少量杂质而不能用直接法配制标准溶液，故 EDTA 标准溶液通常采用间接配制法配制。

标定 EDTA 溶液的基准物质很多，有纯的金属如 Zn、Cu、Pb、Bi 等，有金属氧化物如 ZnO、Bi_2O_3 等，及某些盐类如 $CaCO_3$、$MgSO_4 \cdot 7H_2O$、$Zn(Ac)_2 \cdot 3H_2O$ 等。选择基准物质的原则是：标定条件与测定条件尽量一致，这样可消除系统误差，提高分析结果的准确度。所以通常选用与被测组分相同的物质作基准物质。如用 EDTA 溶液测定石灰石或白云石中 CaO、MgO 的含量，则宜用 $CaCO_3$ 作为标定基准物质。

络合滴定中所用纯水应不含 Fe^{3+}、Al^{3+}、Cu^{2+}、Ca^{2+}、Mg^{2+}等杂质离子，通常采用去离子水或二次蒸馏水，其规格应高于三级水。

EDTA 溶液应贮存在聚乙烯瓶或硬质玻璃瓶中，若贮存于软质玻璃瓶中，会不断溶解玻璃瓶中的 Ca^{2+} 形成 CaY^{2-}，使 EDTA 浓度不断降低。

在络合滴定时，与金属离子生成有色络合物来指示滴定过程中金属离子浓度变化的称为金属离子指示剂（用 In 代表）。其变色原理为：

滴定前	M ＋ In（颜色甲）=== MIn（颜色乙）
滴定中	M ＋ Y===MY
化学计量点时	MIn（颜色乙）＋ Y===MY ＋ In（颜色甲）

滴入 EDTA 后，金属离子逐步被络合，当达到反应化学计量点时，已与指示剂络合的金属离子被 EDTA 夺出，释放出游离的指示剂，故终点颜色变化为由 MIn 颜色乙突变为游离指示剂 In 颜色甲（当 MY 无色时）。

指示剂变化的 pM_{ep}（pM_{ep} 在滴定分析中表示滴定终点，指示剂的 pM_{ep} 必须落在指示剂的变色范围以内）应尽量与化学计量点 pM_{sp} 一致。金属离子指示剂一般为有机弱酸，要求显色灵敏、迅速、稳定。

（1）EDTA 标准溶液的粗略配制

① $0.0178 \, mol \cdot L^{-1}$ EDTA：用托盘天平称取 66.37 g EDTA 水溶后，以水稀释到 10 L，混匀。

② $0.0981 \, mol \cdot L^{-1}$ EDTA：用托盘天平称取 364.80 g EDTA 水溶后，以水稀释到 10 L，混匀。

（2）EDTA 标准溶液的标定　采用锌标准溶液进行标定，以标定 $0.0981 \, mol \cdot L^{-1}$ EDTA 溶液为例。按表 1-1 用量移取 5.00 mL 粗略配制的 $0.0981 \, mol \cdot L^{-1}$ EDTA 溶液于 500 mL 锥形瓶中，加水 50 mL，加入 15～16 mL 氨性缓冲液（pH=10）、3 滴 0.5%二甲酚橙指示剂，用 0.03226 $mol \cdot L^{-1}$ 的硝酸锌标准溶液滴定至玫红色即为终点，参照"标准溶液体积调整"。

表1-1　硝酸锌标准溶液标定EDTA标准溶液

EDTA 标准溶液浓度 /（$mol \cdot L^{-1}$）	EDTA 标准溶液取样量/mL	硝酸锌标准溶液浓度 /（$mol \cdot L^{-1}$）	硝酸锌溶液理论耗用量/mL
0.0178	15.00	0.03226	8.29
0.0981	5.00	0.03226	15.20

5. 硝酸锌标准溶液的配制

硝酸锌标准溶液可以用电子分析天平准确称取，容量瓶准确定容来配制。在实际生产中需要的硝酸锌溶液量比较大（几十升），没有这么大的容量瓶，故先粗略配制，然后采用 EDTA 基准溶液（0.1000 mol·L⁻¹ EDTA 基准溶液的配制：直接称取 EDTA 固体试剂溶解、定容于容量瓶中摇匀备用）标定。

（1）0.01962 mol·L⁻¹ 硝酸锌溶液粗略配制

托盘天平称取 53.06 g（具体计算见下式）硝酸锌固体颗粒（纯度为99%）于 9 L 试剂瓶中，加水稀释到刻度，混匀，用 EDTA 基准溶液标定。

$$0.01962 \text{ mol·L}^{-1} \times 297.49 \text{ g·mol}^{-1} \div 0.99 \times 9 \text{ L} = 53.06 \text{ g}$$

（2）0.03226 mol·L⁻¹ 硝酸锌溶液粗略配制

托盘天平称取 87.25 g（具体计算见下式）硝酸锌固体颗粒（纯度为99%）于 9 L 试剂瓶中，加水稀释到刻度，混匀，用 EDTA 基准溶液标定。

$$0.03226 \text{ mol·L}^{-1} \times 297.49 \text{ g·mol}^{-1} \div 0.99 \times 9 \text{ L} = 87.25 \text{ g}$$

（3）硝酸锌标准溶液的标定

采用 EDTA 基准溶液标定，以标定 0.01962 mol·L⁻¹ 硝酸锌标准溶液为例。按照表 1-2，用移液管准确移取 0.0500 mol·L⁻¹ EDTA 基准溶液 5.00 mL 于 500 mL 锥形瓶中，加 50 mL 水，加入 15～16 mL 乙酸-乙酸钠缓冲液（pH=10）、3 滴 0.5%二甲酚橙指示剂，以硝酸锌标准溶液滴定至玫红色即为终点，参照"标准溶液体积调整"。

表 1-2 EDTA 基准溶液标定硝酸锌标准溶液

EDTA 基准溶液浓度 /（mol·L⁻¹）	EDTA 基准溶液取样量/mL	硝酸锌标准溶液浓度/（mol·L⁻¹）	硝酸锌溶液理论耗用量 /mL
0.0500	5.00	0.01962	12.74
0.0500	10.00	0.03226	15.50

三、化验室其他常用试剂的粗略配制

本部分配制溶液为粗配，故涉及的所有称量均使用托盘天平称量，量器为量筒或烧杯。

1. 硫酸-草酸-硫酸亚铁铵混合液（二氧化硅比色用）

称取 60 g 硫酸亚铁铵［$Fe(NH_4)_2(SO_4)_2 \cdot 6H_2O$］于 1000 mL 烧杯中，加入 300 mL 水，缓缓加入 1+1 的硫酸 333 mL，搅拌使其溶解，冷却后，移入 2000 mL 烧杯中。再称取 60 g 草酸（$C_2H_2O_4 \cdot 2H_2O$）于另一烧杯中，加热水［(65 ± 5) ℃］使其溶解。冷却后，转入上述烧杯中，加水至刻度，混匀。

注：该溶液中的亚铁在空气中易被氧化。一般情况下，使用期限不超过 15 天。

2. 钼酸铵：10%（二氧化硅比色用）

溶解 100 g 钼酸铵于 500 mL 水中，冷却后加水到 1000 mL，混匀（试剂溶解不完全时可用温度不超过 60 ℃的热水进行溶解，当出现沉淀时，将溶液弃去）。溶液储存于聚乙烯瓶中。

3. 邻二氮菲-盐酸羟胺-乙酸钠混合液（三氧化二铁比色用）

称取 150 g 结晶乙酸钠和 5 g 盐酸羟胺，分别溶于水中；另称 0.5 g 邻二氮菲溶于 15 mL 冰乙酸中；将三种溶液混合，用水稀释至 1000 mL，混匀。

4. 抗坏血酸：1%（用时现配，保存一周）

称取抗坏血酸 1 g 溶于 100 mL 水中，混匀。

5. 二安替比林甲烷：2%（二氧化钛比色用）

称取 20 g 二安替比林甲烷于 1000 mL 烧杯中，加入 400 mL 水、1+1 盐酸 80 mL，搅拌溶解后，加水至 1000 mL，混匀。

6. 氨性缓冲液（pH=10）

移取 67.5 g 氯化铵（NH_4Cl）溶于 200 mL 水中，加入 570 mL 浓氨水，加水至 1000 mL，混匀。

7. 三乙醇胺–氢氧化钠溶液

在 10 L 的 10%氢氧化钠溶液中加入 100 mL 三乙醇胺，加水至 1 L，混匀。

8. 水杨酸钠：10%

称取 1000 g 水杨酸钠（$C_7H_5NaO_3$），于 10 L 试剂瓶中，加水溶解至刻度，混匀，保存于棕色瓶中。

9. 氯化钡：5%（或10%）

称取 500 g（或 1000 g）氯化钡（$BaCl_2 \cdot 2H_2O$），于 10 L 试剂瓶中，加水溶解至刻度，混匀。

> 注：在硫酸钠重量法测定中，$BaCl_2$溶液的配制，应使用经煮沸驱除 CO_2 的水溶解，如有沉淀应进行过滤。

10. 酒石酸钾钠：10%

取 100 g 酒石酸钾钠溶于 1 L 水中，摇匀。

11. 氢氧化钾：20%

称取 200 g 氢氧化钾用水溶于 1 L 的烧杯中，混匀，保存于聚乙烯瓶中备用。

12. 1+2 的三乙醇胺溶液

1 体积三乙醇胺与 2 体积的水混匀。

13. 1+1 的硝酸溶液

量取 1 体积硝酸与 1 体积水混匀。

14. 1+1 的氨水

量取 1 体积氨水与 1 体积水混匀。

15. 2 mol·L^{-1} 硝酸

量取 125 mL 硝酸，用水稀释至 1000 mL。

四、常用指示剂的配制

1. 酚酞：1%酒精溶液

称取 1 g 酚酞溶于 100 mL 酒精中。

2. 甲基橙：0.1%水溶液

称取 0.1 g 甲基橙溶于 100 mL 水中。

3. 甲基红：0.2%酒精溶液

称取 0.2 g 甲基红溶于 100 mL 酒精中。

4. 溴麝香草酚蓝：0.5%酒精溶液

称取溴麝香草酚蓝 0.5 g 溶于 100 mL 酒精中。

5. 绿光指示剂

绿光指示剂是由 0.095%二甲基黄的酒精溶液与 0.1%的亚甲基蓝酒精溶液混合而成。

称 0.475 g 二甲基黄于 1 L 烧杯中，加入 475 mL 无水乙醇使其溶解，另称 0.5 g 亚甲基蓝于另一烧杯中，加 50 mL 水，使其溶解，再加 450 mL 无水乙醇，两溶液充分混匀，保存于棕色瓶中。

6. 绿光-酚酞混合指示剂

量取 50 mL 绿光指示剂与 50 mL 1%酚酞混合，保存于棕色瓶中。

7. 二甲苯酚橙（二甲酚橙）：0.5%水溶液（或半二甲酚橙：0.5%水溶液）

称取二甲苯酚橙（或半二甲酚橙）0.5 g 溶于 100 mL 水中。

8. 铬黑T：0.5%三乙醇胺、酒精混合溶液

称取 0.5 g 铬黑 T，溶于 30 mL 三乙醇胺和 70 mL 酒精的混合液中（先将铬黑 T 与三乙醇胺在瓷研钵中混合均匀，再拿酒精稀释）。

9. PAR指示剂：0.1%酒精溶液

称取 PAR［4-（2-吡啶基偶氮）间苯二酚］0.1 g 溶于 75 mL 的无水乙醇中，加水稀释至 100 mL。

10. 磺基水杨酸：5%

称取 5 g 磺基水杨酸溶解于 100 mL 水中。

11. CMP 指示剂

钙黄绿素 5 份，甲基百里香酚蓝络合剂 5 份，酚酞 1 份，硝酸钾 250 份，混匀研成粉末，干燥保存。

12. K-B 指示剂

酸性铬蓝 K 1 份、萘酚绿 B 2.5 份，硝酸钾 100 份，混匀研成粉末。

五、分析 S^{2-} 所用试剂的配制

1. 二氯化锡盐酸溶液

称取 120 g $SnCl_2$，加 670 mL 浓盐酸，加 330 mL 水，混匀。

2. 镉盐吸收液[$Cd(CH_3COO)_2 \cdot 2H_2O$]

称取 15 g 乙酸镉，用水溶解，加入 250 mL 冰乙酸，用水稀释至 1000 mL。

3. 淀粉溶液：0.5%

称取 0.5 g 淀粉，用少量水湿润后，加入 100 mL 沸水，煮沸 1～2 min 并不断搅拌，冷却后备用。

4. 碘酸钾标准溶液：0.02 mol·L^{-1}

电子分析天平准确称取 120 ℃ 烘干过的 0.713 g 碘酸钾及 50 g 碘化钾，溶解于水，定容于 1 L 容量瓶中，稀释至刻度，混匀。

5. 硫代硫酸钠：0.01 mol·L^{-1}（保存于棕色瓶中，不易久存）

托盘天平称取硫代硫酸钠（$Na_2S_2O_3 \cdot 5H_2O$）4.96 g，溶于含 0.2 g 碳酸钠经煮沸冷却后的蒸馏水中，然后加水至 2 L，混匀。放置 2～3 天后标定备用。

标定方法：移液管准确移取 0.02 mol·L^{-1} 碘酸钾标准溶液 10.00 mL 于 500 mL 锥形瓶中，加入 50 mL 煮沸冷却后的蒸馏水，加碘化钾 1～

2 g，然后加入 1+1 盐酸 10 mL，盖好表面皿，放置 2～3 min，加水至 150 mL 左右，用硫代硫酸钠溶液滴定至溶液呈浅黄色。再加 3 mL 淀粉指示剂，继续滴定至蓝色消失即为终点。

计算：

$$c_{Na_2S_2O_3} = \frac{c_{KIO_3} \times V_{KIO_3} \times 6}{V_{Na_2S_2O_3}}$$

式中　$c_{Na_2S_2O_3}$——硫代硫酸钠溶液的浓度，mol·L^{-1}；

c_{KIO_3}——碘酸钾标准溶液的浓度，0.02 mol·L^{-1}；

V_{KIO_3}——碘酸钾标准溶液的体积，10 mL；

$V_{Na_2S_2O_3}$——滴定用硫代硫酸钠溶液的体积，mL。

六、基准试剂标准溶液的配制

配制基准试剂标准溶液时，基准试剂都要在称量前进行烘干处理，然后电子分析天平准确称量，容量瓶定容。

1. 0.1000 mol·L^{-1}基准碳酸钠

准确称灼烧后冷却到室温的无水碳酸钠 105.99 g·mol^{-1}×0.1 mol·L^{-1}×1 L=10.5990 g，用煮沸后冷却的蒸馏水稀释到 1 L 的容量瓶中，定容，混匀。

2. 0.2000 mol·L^{-1}基准碳酸钠

准确称灼烧后冷却到室温的无水碳酸钠 105.99 g·mol^{-1}×0.2 mol·L^{-1}×1 L=21.1980 g，用煮沸后冷却的蒸馏水稀释到 1 L 的容量瓶中，定容，混匀。

3. 0.5000 mol·L^{-1}基准碳酸钠

准确称灼烧后冷却到室温的无水碳酸钠 105.99 g·mol^{-1}×0.5 mol·L^{-1}×1 L=52.9950 g，用煮沸后冷却的蒸馏水稀释到 1 L 的容量瓶中，定容，混匀。

第二章
原料化验的原理及方法探讨

在氧化铝生产中涉及的原料有液碱、工业碳酸钠、铝土矿及石灰，这些原料的化验有两个意义，首先是要决定生产中的物料配比，这将直接决定生产的其他指标大小，即生产能否正常进行；其次，关系到大宗原材料的结算价格，直接影响企业的经济效益。因此，把原料的分析化验及方法探讨作为第一研究内容。

第一节　液碱

液碱是浓的氢氧化钠溶液，也叫液体烧碱。氢氧化钠溶液最高浓度为 50%，这时是饱和溶液。由于氯碱厂生产工艺不同，液碱的浓度通常为 30%～32% 或者 40%～42%。液碱在生产放置过程中会吸收空气中的 CO_2 生成 Na_2CO_3，影响液碱的纯度。

液碱用槽罐车装运时（图 2-1），取样时从上、中、下三处（上部指离液面 1/10 液层，下部指底部 1/10 液层）取出等量试样，混匀。总量不少于 500 mL。

图 2-1　装有液碱的槽罐车

样品的规范取样是分析结果准确的前提。因此，采取样品必须严格遵守操作及安全规程。采样工具要专用，并保持清洁，以免影响样品的原始组分。液碱取样后，应装入干燥、清洁的封口塑料瓶内，将盖拧紧，以免吸水。雨天取样，要采取遮雨措施，以防雨水将样品稀释，影响化学成分的测定。还要严格掌握取样量。冬季要注意样品温度，以免造成分析结果的波动。在生产过程中采样时，要注意开停车情况，必须在溶液和浆液的动态下采样。样品名称、编号、时间要书写清楚。

液碱中氢氧化钠和碳酸钠含量的检测用酸碱滴定法，下面从滴定原理、指示剂的选择、终点的判断与验证、液碱化验原理及具体的操作理论来分别介绍。

一、酸碱滴定原理

生产用液碱是混合碱，为 Na_2CO_3 和 NaOH 的混合物。测定氢氧化钠和碳酸钠含量时用滴定法。滴定分析是化验室常用的分析手段，是用滴定管将一种已知准确浓度的标准溶液滴加到试样溶液中，根据指示剂的颜色变化,判断标准溶液物质的量和被测组分物质的量之间正好符合化学反应式所表示的化学计量关系,即是滴定终点。它是根据标准溶液的浓度和滴定所消耗的体积计算试样中被测组分浓度的一种方法。滴定分析的基本操作包括容量仪器的选择和正确的使用方法,滴定终点的判断和控制,以及滴定数据的读取、记录和处理等。

强酸和强碱之间的滴定是以酸碱反应为基础的一种滴定方法,也称中和法。中和反应是酸和碱互相作用生成盐和水的反应。例如,氢氧化钠与盐酸作用生成氯化钠和水。

$$NaOH+HCl=NaCl+H_2O$$

实际上溶液中的反应是离子反应,因为盐酸和氢氧化钠在溶液中都离解成离子。用离子反应式可表示为:

$$OH^-+H^+=H_2O$$

中和反应后,金属离子 Na^+ 和酸根 Cl^- 在溶液中仍然呈离子状态,并没有参与反应,所以只是 H^+ 和 OH^- 结合生成水的反应,此时溶液的酸性或碱性也就消失了。因此,酸碱的中和反应终归是由 H^+ 和 OH^- 作用生成水分子的反应,这是中和反应的实质。

二、指示剂的选择原理

中和滴定的终点可借助于指示剂的颜色变化来确定。在中和反应中使用的酸碱指示剂一般是弱的有机酸及其共轭碱或弱的有机碱及其共轭酸,其中酸及其共轭碱具有不同的颜色。当溶液 pH 改变时指示剂失去质子由酸式转变为碱式,或得到质子由碱式转变为酸式,由于结构上的变化,从而引起颜色的变化。

HCl 和 NaOH 相互滴定时,化学计量点时的 pH 为 7.0,滴定的 pH 突跃范围为 4.3~9.7,选用在突跃范围内变色的指示剂可保证测定结果有足够的准确度。强碱滴定强酸时，常用酚酞溶液作指示剂。酚酞 pH 变色范围为 8.0（无）～9.6（红）。用 NaOH 滴定 HCl 时终点由无色变为红色，HCl 滴定 NaOH 时终点由红色变成无色。显然，利用指示剂变色来确定的终点与酸碱中和时的化学计量点可能不一致。如以强碱滴定强酸，在化学计量点时 pH 应等于 7.0，而用酚酞作指示剂，它的变色范围是 8.0～10.0。这样滴定到终点（溶液由无色变为红色）时就需要多消耗一些碱。因而，就可能带来滴定误差。但是，根据计算，这些滴定终点与化学计量点不一致所引起的误差是很小的，对酸碱的浓度测定结果影响很小。

中和滴定的指示剂常使用酚酞指示剂。酚酞是单色指示剂，它在不同的 pH 范围显示出不同的颜色。酚酞的变色范围为 pH=8.0～9.6，指示剂用量的多少对其变色范围是有影响的。人眼能观察到红色形式酚酞的最低浓度为 a，它应该是固定不变的，今假设指示剂的总浓度为 c，指示剂的离解平衡式如下：

$$\frac{K_a}{\left[H^+\right]} = \frac{\left[In^-\right]}{\left[HIn\right]} = \frac{a}{c-a}$$

从上式可看出，如果 c 增大了，因为 K_a、a 都是定值，所以 H^+ 会相应地增大，就是说指示剂会在较低的 pH 变色。例如在 50～100 mL 溶液中加 2～3 滴 0.1%酚酞，pH≈9 时出现微红，而在同样情况下加 10～15 滴酚酞，则在 pH≈8 时出现微红色。所以在使用指示剂时，平行实验中要加入相同量的指示剂。无论是双色指示剂还是单色指示剂，用量过多（或浓度过高），都会使终点变色迟钝，而且本身也会消耗滴定剂。因此在不影响指示剂变色敏锐性的前提下，一般用量少一些为佳。

三、终点的判断与验证

滴定终点的判断正确与否是影响滴定分析准确度高低的重要因素，

化验员必须学会正确判断终点以及检验终点的方法。滴定时是否临近终点，可通过观察滴定剂落点处颜色改变的快慢进行判断，滴定剂落点处颜色迅速消失，表明离终点还远，滴定速度可稍快，但滴定剂不能流成一条线；滴定剂落点处颜色消失渐慢，表明接近终点，此时要控制滴定速度，一滴一滴或半滴半滴地滴出，直到最后一滴或半滴引起溶液颜色发生突变，即为滴定终点，此时立即停止滴定。

　　单一指示剂变色范围比较宽，有的在变色范围内还出现难以分辨的过渡色，在某些酸碱滴定中，为了提高准确度，把滴定终点控制在一定范围内，就需要将两种指示剂混合起来，形成混合指示剂，或者双指示剂。这种双指示剂，一般有两种情况：一是采用一种惰性染料加上另一种指示剂配制而成，惰性染料的颜色不随溶液的酸碱性而改变，只作为另一种指示剂变色的背景，使其变色敏锐，易于判断；二是选择两种酸碱性接近的指示剂，按照一定比例混合而成，两种指示剂颜色互相叠合，形成变化明显的颜色，使变色范围缩小为变色点，使得终点易于辨别。测定混合碱各组分的含量时，可以在同一试液中分别用两种不同的指示剂来指示终点进行测定。双指示剂法中，一般是先用酚酞指示剂，后用甲基橙指示剂。由于以酚酞作指示剂时从红色到微红色的变化不敏锐，因此也常选用甲酚红-百里酚蓝混合指示剂。甲酚红的 pH 变色范围为 6.7（黄）～8.4（红），百里酚蓝的变色范围为 8.0（黄）～9.6（蓝），混合后的变色点是 pH=8.3（pH=8.2 时为玫红色），酸色为黄色，碱色为紫色。混合指示剂变色敏锐。用盐酸标准溶液滴定试液由紫色变为粉红色，即为终点。也可以用溴甲酚绿-甲基红混合为指示剂，三份 0.1%溴甲酚绿乙醇溶液和一份 0.2%甲基红乙醇溶液，混合后的变色点是 pH=5.1，pH<5.1 为红色；pH>5.1 为绿色。用盐酸滴定氢氧化钠时，滴定至溶液由绿色变为红色即为滴定终点。

　　酸碱滴定所用的指示剂大多数是可逆的，这有利于验证终点。如用 NaOH 溶液滴定酸溶液时（以酚酞作指示剂），滴定开始时，滴定剂

NaOH 落点处周围的红色迅速褪去，此时滴定速度可稍快，但不能流成一条线，当滴加的 NaOH 落点处周围红色褪去较慢时，表明临近终点，用洗瓶洗涤锥形瓶内壁，控制 NaOH 溶液一滴一滴或半滴半滴地滴出，至溶液呈微红色，且半分钟不褪色即为终点。终点的检验：加半滴或一滴 0.1 mol·L^{-1} HCl 溶液，若微红色褪去，则上述为终点的颜色。反之，用 HCl 溶液滴定时（甲基橙作指示剂），溶液由黄色变为橙色即为终点。终点的检验：加半滴或一滴 0.1 mol·L^{-1} NaOH 溶液，溶液由橙色变为黄色，则上述为终点的颜色。

四、液碱化验原理

生产用液碱是混合碱，主要成分是 Na_2CO_3 与 NaOH 的混合物，分两步滴定。第一步是向试样溶液中加入氯化钡溶液，使碳酸钠生成碳酸钡沉淀，以酚酞为指示剂，用盐酸标准溶液滴定。当溶液颜色由粉红色变为浅粉色，即为滴定终点，其反应为：

$$NaOH+HCl=NaCl+H_2O$$

第二步是向另一份相同的试样溶液中加入混合指示剂溴甲酚绿-甲基红，溶液颜色为酒红色，用盐酸标准溶液滴定总碱量，当溶液颜色由红色变为绿色，即为第二个滴定终点，溶液中的滴定反应为：

$$NaOH + HCl = NaCl + H_2O$$
$$Na_2CO_3 + 2HCl = 2NaCl + H_2O + CO_2\uparrow$$

五、制备样品溶液

用电子分析天平准确称取 25.0000～25.5000 g 的液碱（质量记为 m_0），置于洁净干燥的烧杯中，盖上表面皿，将称好的液碱全部转移到提前加好 100 mL（量筒量取，新煮沸赶跑 CO_2 并冷却）蒸馏水的 500 mL

容量瓶中,用洗瓶冲洗烧杯 3 次以上(由于液碱黏稠,为了保证彻底转移,可以冲洗 6～7 次),确保烧杯中的液碱全部转移至容量瓶中,然后用洗瓶冲洗容量瓶口,继续加入蒸馏水至液面接近刻线,最后用滴管滴入蒸馏水至凹液面与刻度线相切,盖上瓶塞,充分振习。此时,试样溶液制备完成,以备测定液碱中碳酸钠、氢氧化钠含量。

六、化验分析

1. 氢氧化钠的测定

向 50 mL 干燥洁净的酸式滴定管中装入 1.0000 mol·L⁻¹ 的盐酸标准溶液,用移液管准确移取 50.00 mL 试样溶液于 300 mL 的锥形瓶中,加入 10%的氯化钡 10 mL,加入 6～7 滴 1%的酚酞(加重颜色,易于识别,且根据对比试验,对结果几乎没有影响),用 1.0000 mol·L⁻¹ 盐酸标准溶液滴定到刻度 29 之前速度应保持 2～3 滴/s,之后速度放慢一滴一滴滴定至微红色为终点,记下刻度 V_1(mL,保留两位小数)(滴定过程中不能甩瓶,快接近终点时应用洗瓶冲洗锥形瓶口)。

2. 碳酸钠的测定

移取 50 mL 试样液于 300 mL 的锥形瓶中,加入 3 滴溴甲酚绿-甲基红混合指示剂,用 1.0000 mol·L⁻¹ 盐酸标准溶液滴定至溶液由绿色变为红色,煮沸 2 min,冷却后继续滴定至红色,记下刻度 V_2(mL,保留两位小数)。

3. 分析结果的计算公式

$$w_{NaOH} = \frac{c \times V \times M_{NaOH}}{m_0 \times 50/500} = \frac{40 \times c_{HCl} \times V_1}{m}$$

$$w_{Na_2CO_3} = \frac{(V_2 - V_1) \times \frac{1}{2} M_{Na_2CO_3}}{m} = \frac{(V_2 - V_1) \times 52.99}{m}$$

式中　　　V_1——NaOH 消耗的盐酸量,mL;

V_2——总碱量消耗的盐酸量，mL；

m_0——称取液碱的总质量，g；

w_{NaOH}，$w_{Na_2CO_3}$——NaOH 和 Na_2CO_3 的质量分数；

M_{NaOH}——NaOH 的摩尔质量，40 g·mol^{-1}；

$M_{Na_2CO_3}$——Na_2CO_3 的摩尔质量，105.98 g·mol^{-1}；

m——测定中液碱的质量，$m=\frac{1}{5}m_0$，g；

c_{HCl}——盐酸的浓度，mol·L^{-1}。

七、准确性探讨

① 混合碱系 NaOH 和 Na_2CO_3 组成，第一滴定终点是用酚酞作指示剂，由于突跃不大，使得终点时指示剂变色不敏锐，再加上酚酞是由红色变为微红色，不易观察，酚酞指示剂可适当多加几滴，增加视觉效果。

② 在达到第一终点前，滴定速度不能过快，否则易造成溶液中 HCl 局部过浓，引起 CO_2 的损失，带来较大的误差；滴定速度亦不能太慢，摇动要均匀。滴定是在不断摇动下（锥形瓶内的溶液做圆周运动）进行的，摇动瓶子时用腕力而不是臂力。

③ 按照 GB/T 4348.1—2013 的方法，使用具塞锥形瓶滴定，考虑到滴定的熟练程度并经过反复对比试验，上述滴定方法不会引起滴定的偏差。

④ 滴定到接近第二终点时，滴定过程中生成的 H_2CO_3 会慢慢地分解出 CO_2，形成 CO_2 过饱和溶液，使溶液的酸度稍有增大，终点出现过早，因此在终点附近应充分摇动溶液，以防终点提前到达。

⑤ 用 NaOH 滴定 HCl，以酚酞作指示剂，溶液呈微红色，半分钟内不褪色，即为终点。如果放置较长时间后红色缓慢褪去，那是由于溶液吸收了空气中的 CO_2，生成 H_2CO_3 所致。

第二节　工业用碳酸钠

碳酸钠又称纯碱，其固体为白色晶体粉末，密度为 2.5 g·cm⁻³，熔点为 852 ℃。

在氧化铝生产中，纯碱是烧结法生料配料的重要原料之一，亦是混联法生产中所消耗的苛性碱的补充。

在氧化铝生产中，主要是测定总碱量。测定时试样以水溶解，溴甲酚绿-甲基红作指示剂，用盐酸标准溶液滴定，计算总碱量。发生的主要化学反应如下：

$$Na_2CO_3+2HCl=\!=\!=2NaCl+H_2O+CO_2\uparrow$$

1. 分析前样品的准备

于托盘天平上称取试样约 40 g，置于洁净干燥的瓷蒸发皿中，于 250～300 ℃的温度下干燥 2 h，在干燥器中冷却至室温，备用。

2. 分析测定

用电子分析天平准确称取上述 1.8000 g 样品，置于 300 mL 锥形瓶中，加 50 mL 水，振荡至溶解。加 10 滴溴甲酚绿-甲基红混合指示剂，用 1.0000 mol·L⁻¹ 盐酸标准溶液滴定至溶液由绿色变为粉红色。煮沸 3 min 冷却后不褪色即为终点。

3. 分析结果的计算

$$w_{Na_2CO_3} = \frac{V \times 0.053}{m_0} = \frac{V \times 0.053}{1.8}$$

式中　V——消耗盐酸标准溶液的体积，mL；

$\quad w_{Na_2CO_3}$——Na_2CO_3 的质量分数；

$\qquad m_0$——样品质量，g；

0.053——1 mL 1.0000 mol·L^{-1}盐酸标准溶液相当于纯碱的质量，
g·mL^{-1}。

4. 准确性探究

为保证准确性，样品在冷却的时候一定要放入干燥器中保证不吸潮。在称样的过程中应拂去最上面的样品，取其中间部分，避免表面样品吸潮。而且滴定到微粉色的时候将溶液在电炉上煮沸，这样可以避免滴过终点。

第三节　铝土矿

一、铝土矿简介

铝土矿（bauxite）实际上是指工业上能利用（含铝量 40%以上，铝硅比值大于 2.5）的，以三水铝石、一水铝石为主要矿物组成的矿石的统称。铝土矿是生产金属铝的最佳原料，这也是铝土矿最主要的应用领域，其用量占世界铝土矿总产量的 90%以上。

铝土矿主要成分是铝元素的复杂硅酸盐。根据铝的存在形态不同，分为三水铝石型（$Al_2O_3 \cdot 3H_2O$）、一水软铝石型（$\gamma\text{-}Al_2O_3 \cdot H_2O$）和一水硬铝石型（$\alpha\text{-}Al_2O_3 \cdot H_2O$）。铝土矿石含有 Al_2O_3、SiO_2、Fe_2O_3、FeO、TiO_2 和少量的 CaO、Na_2O、MgO、K_2O、V_2O_5、ZrO_2，以及微量的 Cr、Mn、Cu、Ga 的氧化物。铝矿石的常规分析项目为：Al_2O_3、SiO_2、Fe_2O_3、CaO、TiO_2 等。其中主要成分的含量范围是：Al_2O_3 45%～80%，SiO_2 1%～20%，Fe_2O_3 0.5%～10%，TiO_2 1%～4%，灼减约 1%。

铝土矿石中的 Al_2O_3 是有用的主要成分。Al_2O_3 是两性化合物，既有酸性又有碱性，既可以溶解于强酸溶液，也可以溶解于强碱溶液。不管是拜耳法生产过程中还是分析试验中，均采用氢氧化钠溶液而非盐酸溶液，是因为耐酸的设备价格高，而且酸不仅溶解了 Al_2O_3，还同时溶解了杂质 SiO_2、Fe_2O_3 等，使产品纯度降低，酸耗增加。

拜耳法铝土矿溶出具体反应如下：

$$Al_2O_3+2NaOH{=\!=\!=}2NaAlO_2+H_2O$$
$$SiO_2+2NaOH{=\!=\!=}Na_2SiO_3+H_2O$$
$$Al_2O_3+4SiO_2+2NaOH{=\!=\!=}2AlNaO_6Si_2+H_2O$$
$$SiO_2+CaO{=\!=\!=}CaSiO_3$$

铝土矿石质量的优劣、品位的高低可用其铝硅比评价，铝硅比（A/S）是铝土矿石中的 Al_2O_3 与 SiO_2 的质量比。铝土矿分为高铝矿和普铝矿：高铝矿的氧化铝（Al_2O_3）含量≥68.0%，铝硅比≥10；普铝矿的氧化铝（Al_2O_3）含量≥60.0%，铝硅比为 4.1～4.7。根据铝土矿其他指标，可将其分为以下不同矿石类型。

（1）以三氧化二铁含量区分

低铁型　Fe_2O_3 含量（质量分数）　3%以下；

含铁型　Fe_2O_3 含量（质量分数）　3%～6%；

中铁型　Fe_2O_3 含量（质量分数）　6%～15%；

高铁型　Fe_2O_3 含量（质量分数）　15%以上。

（2）以硫含量区分

低硫型　S 含量（质量分数）0.3%以下；

中硫型　S 含量（质量分数）0.3%～0.8%；

高硫型　S 含量（质量分数）0.8%以上。

1.SiO_2含量对生产的影响

氧化铝生产中，要从矿石中提取氧化铝，必须测定氧化铝的含量，才能正确地配料（加入碱量）。铝土矿石中的 SiO_2 在氧化铝生产中是有害成分。在采用拜耳法生产过程中，由于氧化硅和氧化铝、氢氧化钠作用，生成铝硅酸钠，而造成氧化铝及氢氧化钠的损失。在烧结法生产过程中，为了除去 SiO_2，必须添加大量的石灰石使之生成不溶性的硅酸钙，因而降低了设备的产能。所以 SiO_2 含量的高低是铝土矿石质量的一个重要指标。

2. Fe_2O_3 含量对生产的影响

铝土矿石中的 Fe_2O_3 在拜耳法生产过程中均不被溶出，残留于赤泥中。在烧结法生产过程中，三氧化二铁生成铁酸钠，高含量的 Fe_2O_3 能使烧结温度降低，烧成温度范围变窄，烧结工序难以操作。在熟料溶出过程中，铁酸钠水解生成氢氧化铁残留于赤泥中，因其消耗氢氧化钠而增加碱耗。Fe_2O_3 含量的高低会影响铝土矿石的颜色，在铝含量都为56.9%时，铁含量分别为12.91%和8.51%，表现在颜色上（如图2-2和图2-3），图2-2显示出明显的棕红色。将其分别粉碎后对应的颜色为图2-4、图2-5，其组分见表2-1、表2-2。

表2-1　高中铁铝土矿中各组分含量

组分	SiO_2	Fe_2O_3	Al_2O_3	A/S	CaO	TiO_2	S
含量 / %	9.49	12.91	56.9	5.99	0.60	5.13	0.02

表2-2　低中铁铝土矿中各组分含量

组分	SiO_2	Fe_2O_3	Al_2O_3	A/S	CaO	TiO_2	S
含量 / %	13.78	8.51	56.90	4.13	1.54	2.68	0.08

图2-2　高中铁铝土矿（见彩插）

图2-3　低中铁铝土矿（见彩插）

图 2-4 高中铁铝土矿粉（见彩插） 图 2-5 低中铁铝土矿粉（见彩插）

3. 硫含量对生产的影响

硫含量的高低也明显影响铝土矿的质量。硫含量高，则铁含量一定高，FeS 的黑褐色使铝土矿石的颜色明显加深，如图 2-6。

（a）矿石 （b）矿粉

图 2-6 高硫铝土矿（见彩插）

图 2-6 所示高硫铝土矿石中各组分含量见表 2-3。

表 2-3 高硫铝土矿各组分含量

组分	SiO$_2$	Fe$_2$O$_3$	Al$_2$O$_3$	A/S	CaO	TiO$_2$	S
含量/%	18.09	5.54	54.40	3.01	1.41	2.24	1.67

硫和 Fe$_2$O$_3$ 含量会明显影响成品氧化铝的质量，使得成品氧化铝的铁含量明显升高。目前，铝土矿的价格和铝硅比有关，铁含量高低不影响氧化铝的产量，所以，只是技术研究关注除铁。表 2-4 是 2021 年 1 月山西地区铝土矿的质量与价格关系。表 2-5 为《铝土矿石技术条件》（YB/T 5057—93）中铝土矿的品级标准。

表2-4 2021年1月山西地区铝土矿的质量与价格关系

质量指标			价格/（元·吨⁻¹）
氧化铝/%	氧化硅/%	铝硅比	
≥55	≤13	≥4.5	420
≥60	≤12	≥4.5	415
≥60	≤11	≥5.5	475
		6≤A/S<7	540

铝土矿原矿中含硫量对氧化铝生产工艺影响较大,烧结法生产氧化铝时主要是设备易结垢,使管道内壁变小,影响生产;拜耳法生产氧化铝时,硫含量升高,需要消耗烧碱的量增加,其比值为1:3.3,即每增加1kg硫,对应的要多消耗3.3kg的烧碱,从而导致生产成本的增加。但目前生产工艺中对硫含量的关注不多,权衡硫含量导致的生产成本增加和技术研发投资成本后,没有企业选择投资研发除硫技术,故单纯依靠企业优化工艺进行除硫还是行不通的。

表2-5 铝土矿石品级标准

品级	品 位		用 途
	铝硅比值（A/S）	Al$_2$O$_3$的质量分数 w/%	
I	≥12	≥73	研磨料、高铝水泥、氧化铝
		≥69	氧化铝
		≥66	氧化铝
		≥60	氧化铝
II	≥9	≥71	氧化铝、高铝水泥
		≥67	氧化铝
		≥64	氧化铝
		≥50	氧化铝
III	≥7	≥69	氧化铝
		≥66	氧化铝

续表

品级	品　位		用　途
	铝硅比值（A/S）	Al$_2$O$_3$的质量分数 w/%	
III	≥7	≥62	氧化铝
IV	≥5	≥62	氧化铝
V	≥4	≥58	氧化铝
VI	≥3	≥54	氧化铝（一水硬铝石）
VII	≥6	≥48	氧化铝（三水铝石）

4. 铝土矿的开采

铝土矿的开采分为地下开采和露天开采，见图 2-7、图 2-8。地下开采前一般都是经过严格的地面钻探、打孔、取芯、化验工作。相对于地下开采，露天铝土矿安全、简洁，是铝土矿的最理想来源。

图 2-7　地下铝土矿矿口　　　　图 2-8　露天铝土矿（见彩插）

二、铝矿石的规范采样

进厂铝矿石，一般是在车厢上采样。每个车厢按照图 2-9 规定的取样点采取。而且遍布点距车厢角为 0.5 m；每个取样点采样量不少于 0.5 kg。采样时，要去掉表层 20 cm 的铝矿石；每一列车采样不得少于 30% 的车厢。如果矿石装载成圆锥体时，在圆锥体高度的 1/3、2/3 及底部分别按应取份样数均匀布点取份样。将上述按车厢比例采取的全部样品，混合成一个批样。

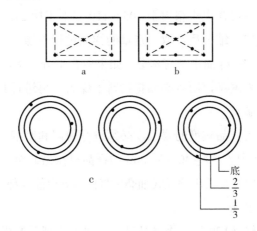

图 2-9　铝矿石采样示意图
a—30～40 t 车厢；b—50～60 t 车厢；c—圆锥体

取样时，矿样粒度大于 40 mm 时，要用小锤击碎至 40 mm 以下再取，遇有泥土等杂物，要视矿样内杂物的分布情况，适量取入样品内。

铝土矿的采样要有代表性、准确性，需要从下面几点加以保障：

① 采样工具要专用，并保持清洁，以免影响样品的原始组分。

② 必须按采样点采样，如遇大块样品应砸碎，采取有代表性的一部分。如遇同时有大块和粉末的样，应按比例各取一份。

③ 若不在车厢取样时，可按一直线采样，但应不少于三个点，注意其代表性。

④ 雨天取样，要采取遮雨措施，以防雨水将样品稀释，影响化学成分的测定。

⑤ 样品名称、编号、时间要书写清楚。

三、铝土矿样品的制备

试样的制备必须经过原样的烘干、破碎、过筛、混匀、缩分等五个过程。

1. 原样的烘干

少量的样品可在电烘箱内于 105～110 ℃下干燥 2 h。大量的样品可将样品进行混匀、缩分后，取一定量的样品进行干燥。

烘干的原因：样品中含有水分，如果所含水分过多，会给破碎、研磨以及过筛带来困难，所以必须将物料干燥后，再进行其他过程。

2. 试样的破碎

要达到分析样品粒度的要求，必须进行粉碎和磨细。

① 粗碎及中碎：将 40～50 mm 的样品机械破碎至 3 mm 以下。

② 细磨（研磨）：采用圆盘式细磨机将样品磨至能全部通过 120 目筛。

3. 样品的过筛

使用标准筛（120 目）将样品过筛，要求研磨后的样品全部过筛，筛上物再次研磨直至全部过筛。

4. 样品的混匀

样品混匀通常采用以下方法：堆山混匀法、筛网混匀法、掀角法、球磨机混匀法。

5. 样品的缩分

缩分是使粉碎后样品的质量减小，并能保证缩分后样品与原始矿样中各组分含量的一致性。缩分也有很多种方法，最常用的是四分法。

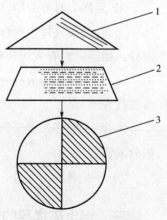

四分法缩分样品是将试料混匀时所形成的圆锥体，以薄板展开成圆盘状，厚度不能超过 5 cm，划两条通过圆心且互相垂直的线，将圆盘分成四等份，取四份中对角位置的任意两份试样，混匀。若仍远超测定所需用量，可再逐级缩分，直至所需要量为止。四分法示意图如图 2-10。

图 2-10　四分法示意图
1—混合料堆；　2—压平料堆；
3—四分成扇形料堆

　　将取来之样品，按样品制备程序处理至 1～3 mm 的粒度，充分混匀，用四分法逐级缩分至所需量（30～50 g），置于不锈钢盘中，放入烘箱内，在（115±5）℃下烘干 1 h，取出冷却，用制样机磨细，使其全部通过 120 目筛（国标为 200 目筛），混匀装入称量瓶内。分析时于（115±5）℃烘干 1.5 h，于干燥器中冷却至室温，备作成分分析之用。具体加工程序见图 2-11。

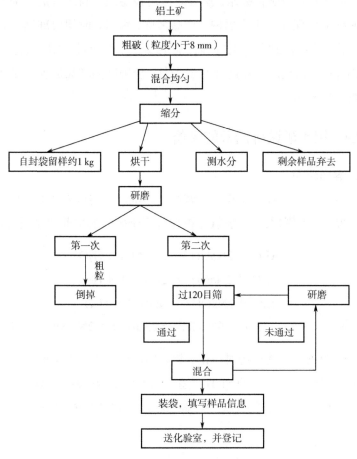

图 2-11　具体加工程序

6. 准确性探究

为保证所制备的样品有代表性、均匀、纯净以及适合分析使用，所用设备、仪器、器皿应经常保持清洁。最好专磨、专钵使用，以防影响样品原始组分。试样干燥的目的，是除去附着水，干燥时应严格掌握规定的温度，以免失去结晶水。取来的样品，一定要充分混匀，并逐级缩分。细度必须通过 120 目筛（另有规定者除外），不得将筛上物料丢弃。易吸水的试样，应防止吸水，必要时应对设备及物料进行适当加热。处理好的样品应保存在干燥器内。样品名称、编号、时间要准确、清楚地书写。用于生产控制分析的固体样品至少要保存一周，出厂氧化铝及氢氧化铝样品，自出厂之日起保存三个月，出国产品样品应保存半年，以备复查、抽查用。

四、铝土矿试样溶液的制备

1. 溶样原理

氢氧化钠是一种低熔点、强碱性的熔剂，其熔点为 318.4 ℃，能在较低温度下分解铝土矿。氢氧化钠分解铝土矿时的主要化学反应如下：

$$Al_2O_3 + 2NaOH =\!\!= 2NaAlO_2 + H_2O$$
$$Fe_2O_3 + 2NaOH =\!\!= 2NaFeO_2 + H_2O$$
$$SiO_2 + 2NaOH =\!\!= Na_2SiO_3 + H_2O$$
$$Al_2O_3 \cdot 2SiO_2 \cdot 2H_2O + 6NaOH =\!\!= 2NaAlO_2 + 2Na_2SiO_3 + 5H_2O$$

此熔融物与盐酸作用时，铁、铝、钙、镁、钾、钠等元素均转移到溶液中。一定含量以下的 SiO_2 在适当的酸度下合理地抽出熔融物时，溶液中的硅酸呈分子分散状态。熔融物用热水和盐酸浸出，化学反应如下：

$$NaOH + HCl =\!\!= NaCl + H_2O$$

$$NaAlO_2+4HCl{=\!=\!=}AlCl_3+NaCl+2H_2O$$

$$NaFeO_2+2H_2O{=\!=\!=}Fe(OH)_3+NaOH$$

$$Fe(OH)_3+3HCl{=\!=\!=}FeCl_3+3H_2O$$

$$Na_2SiO_3+2HCl+H_2O{=\!=\!=}2NaCl+H_4SiO_4$$

$$Na_4TiO_4+4H_2O{=\!=\!=}Ti(OH)_4+4NaOH$$

$$Ti(OH)_4+2HCl{=\!=\!=}TiOCl_2+3H_2O$$

2. 准确性探究

氢氧化钠为强碱低熔点熔剂，一般熔剂的加入量为试样量的 8～10 倍，为保证加入量相对准确，熔融时应用托盘天平粗称量加入的氢氧化钠。

去离子水加热煮沸时，不能长时间在玻璃容器中煮沸，否则空白试验的 SiO_2 含量会增高。

制得的溶液的酸度应满足两个要求：一是无氢氧化物沉淀，二是可防止硅酸凝聚。碱熔后用水浸取，并倒入大体积（120～150 mL）的稀酸中，立即振荡，酸浓度控制为 $0.5～1.5\ mol \cdot L^{-1}$，溶液中 SiO_2 的浓度小于 $0.7\ mg \cdot mL^{-1}$ 就不会产生硅酸的聚合现象。

对于高硅样品，在浸样时容量瓶只需提前加 50 mL 热水就可以，盐酸在用热水冲洗完坩埚和漏斗之后再加。遇到难分解的矿物时，可采用 NaOH 与少量 Na_2O_2 混合（2.5∶0.5）熔融。Na_2O_2 为强烈的氧化性熔剂，在 600～750 ℃下熔融时，Na_2O_2 分解放出氧气使铝土矿试样分解。

3. 铝土矿试样溶液的溶出

样品要全部通过 120 目的标准筛（125 μm 的筛孔），必要时对筛上物进行研磨。称量前，样品（带纸质样品袋）在 105～110 ℃干燥箱中烘干 2 h，然后放入干燥器冷却。然后用电子分析天平准确称取 0.2500 g 样品，置于 30 mL 银坩埚中，加入 3.0 g（托盘天平称取）氢氧化钠颗粒，放入提前升温至 800 ℃的高温箱中，加热熔融 20 min 后取出，不断转动坩埚，使熔融物均匀地附于坩埚内壁上。然后将坩埚放入直径 90 mm 的玻璃漏斗上，该漏斗插入已加有 1+1 盐酸 40 mL 和 50 mL 热蒸馏水（刚煮沸并冷却）的 250 mL 容量瓶中。在 1000 mL 的烧杯中加入沸水，用坩埚钳夹着坩埚在沸水中洗涤坩埚外壁，待无剧烈飞溅后，再将坩埚放入沸蒸馏水中浸出熔融物（注意沸水不能长时间在玻璃容器中煮沸，否则影响二氧化硅的结果）。将烧杯中的溶液一边从漏斗倒入容量瓶中，一边迅速摇动（避免引起硅酸的聚合现象，使二氧化硅结果偏低）。用热水洗涤坩埚，再用少量稀盐酸洗净坩埚内外壁，最后用热水冲洗坩埚及漏斗，洗液倒入容量瓶中，摇匀，冷却到室温，用水稀释至凹液面与刻度线相切，混匀，即得铝土矿试样溶液。该溶液可用于 SiO_2、Fe_2O_3、Al_2O_3、TiO_2、CaO、MgO 含量的测定等。

五、硅钼蓝光度法测定二氧化硅的含量

试样用氢氧化钠熔融，熔体用热水浸出并倒入盐酸溶液中，试样溶液在 $0.1\sim0.25$ mol·L^{-1} 的酸度下，单分子分散状态的硅酸与钼酸铵生成显色为硅钼黄的硅钼杂多酸，然后用亚铁使硅钼黄还原为硅钼蓝，于分光光度计（波长为 680 nm）测量其吸光度，从标准曲线上查出相应的二氧化硅含量。因此，测定前应先绘制标准曲线。

熔融反应　　　　　　　$SiO_2+2NaOH{=\!=\!=}Na_2SiO_3+H_2O$

酸化反应　　　　　　$Na_2SiO_3+2HCl+H_2O{=\!=\!=}2NaCl+H_4SiO_4$

生成硅钼黄的反应

$$H_4SiO_4+12H_2MoO_4{=\!=\!=}H_8\big[Si(Mo_2O_7)_6\big]+10H_2O$$

还原为硅钼蓝的反应

$$H_8\big[Si(Mo_2O_7)_6\big]+4FeSO_4+2H_2SO_4{=\!=\!=}$$

$$H_8\left[Si\left\langle\begin{array}{l}Mo_2O_5\\(Mo_2O_7)_5\end{array}\right.\right]+2Fe_2(SO_4)_3+2H_2O$$

1. 二氧化硅标准曲线的绘制

（1）二氧化硅标准溶液的配制　传统的二氧化硅标准溶液配制是将二氧化硅熔融，然后定容来配制的，具体步骤如下。

准确称取 0.1000 g 预先在 1000 ℃灼烧至恒重的高纯二氧化硅（99.99%）于铂坩埚（YS/T 575.3—2006 中是银坩埚，考虑银的熔点是961.78 ℃，所以改用铂金坩埚，其熔点为 1773 ℃）中，加入 4 g 无水碳酸钠（考虑到氢氧化钠的不稳定性，容易和空气反应，易吸水，用相对稳定的碳酸钠代替），用铂勺充分混匀，再于上面覆盖 1 g 无水碳酸钠，置于 1000 ℃的高温炉中熔融至透明（约 10 min），取出冷却，用温水溶解熔融物，移入聚乙烯烧杯中，用水稀释至约 700 mL，然后移入 1000 mL容量瓶中。定容，混匀，储存于干燥的聚乙烯瓶中，此溶液 1 mL 含 0.1 mg二氧化硅。但是，这样多步骤配制易带来误差，现在一般选择购买现成的二氧化硅标准溶液。

（2）绘制标准曲线

① 分别准确移取 0.00 mL、1.00 mL、2.00 mL、3.00 mL、4.00 mL、5.00 mL、6.00 mL、7.00 mL、8.00 mL、9.00 mL、10.00 mL 二氧化硅标准溶液于一组 100 mL 容量瓶中，加入 1+99 盐酸 40 mL。加入 10%钼酸铵溶液 4 mL，充分摇匀。室温下放置适当时间。然后加入 20 mL 硫酸-草酸-硫酸亚铁铵混合液，用水稀释至刻度，混匀。

② 将上述制备的试液取一部分分别移入 1 cm 比色皿中，以水为参比，用分光光度计（波长为 680 nm）测量其吸光度。

③ 以二氧化硅含量为横坐标，吸光度为纵坐标，绘制标准曲线。

下面是一次标准曲线绘制的具体过程：准确称取（0.2500±0.0001）g 的标样（Al_2O_3 的含量为 70.28%，SiO_2 含量为 14.20%，Fe_2O_3 含量为

6.64%，TiO_2 含量为 2.85%），按本节"四、铝土矿试样溶液的制备"将标样浸出，此时 1 mL 溶液含有 SiO_2 的质量为 0.142 mg。分别准确移取 0.50 mL、1.00 mL、1.50 mL、2.00 mL、2.50 mL、3.00 mL、4.00 mL、5.00 mL 二氧化硅标准溶液于一组 100 mL 容量瓶中，加入 1+99 盐酸 40 mL。加入 10%钼酸铵溶液 4 mL，充分摇匀。室温下放置适当时间，然后加入 20 mL 硫酸-草酸-硫酸亚铁铵混合液，用水稀释至刻度，混匀。将部分试液移入 1 cm 比色皿中，以水为参比，用分光光度计（波长为 680 nm）测量其吸光度 A，结果见表 2-6。

根据标样已知 SiO_2 含量为 14.20%，分析试样取 5 mL 换算。溶液中 SiO_2 的含量为 14.20%，若此时分取 0.50 mL、1.00 mL、1.50 mL、2.00 mL、2.50 mL、3.00 mL、4.00 mL 溶液，吸取的二氧化硅含量占 5 mL 溶液中二氧化硅含量分别为 1.42%、2.84%、4.26%、5.68%、7.10%、8.52%、11.36%。

表2-6　二氧化硅标准溶液的吸光度和含量表

取样量/mL	A空白	A标液	A标液-A空白	SiO_2含量/%
0.50	0.005	0.115	0.110	1.42
1.00	0.005	0.223	0.218	2.84
1.50	0.005	0.330	0.325	4.26
2.00	0.005	0.438	0.433	5.68
2.50	0.005	0.543	0.538	7.10
3.00	0.005	0.650	0.645	8.52
4.00	0.005	0.861	0.856	11.36
5.00	0.005	1.079	1.074	14.20

因 4 mL、5 mL 对应的吸光度远大于 0.85，为保证曲线的线性准确度，在绘制曲线时舍弃。以 A标液-A空白为横坐标，所占 5 mL 溶液中二氧化硅含量为纵坐标绘制曲线，如图 2-12。

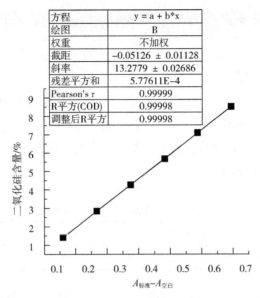

方程	y = a + b*x
绘图	B
权重	不加权
截距	−0.05126 ± 0.01128
斜率	13.2779 ± 0.02686
残差平方和	5.77611E-4
Pearson's r	0.99999
R平方(COD)	0.99998
调整后R平方	0.99998

图 2-12　二氧化硅标准溶液曲线

2. 试样溶液中硅含量的测定

① 移取 5 mL 铝土矿样品溶液置于已加有 1+99 盐酸 40 mL 的 100 mL 容量瓶中。

② 加入 10%钼酸铵溶液 4 mL，充分摇匀，室温下放置适当时间。然后加入 20 mL 硫酸-草酸-硫酸亚铁铵混合液，用水稀释至刻度，混匀。

③ 将试样溶液和随同试样所做的空白溶液移入 1 cm 的比色皿中。以水为参比，在分光光度计中（波长为 680 nm）测量其吸光度。当试样溶液的吸光度大于 0.8 时，要减少取样量（取 2 mL）。以试样溶液的吸光度减去空白溶液的吸光度即为试样的真实吸光度,从标准曲线上查出与此吸光度相对应的二氧化硅含量。

注：①对二氧化硅含量很低的试样，可以使用 3 cm 比色皿，加 4%的钼酸铵溶液 10 mL，并于分光光度计（波长为 680 nm）中测量其吸光度。

②这里没有考虑体积折算，是因为标准曲线已经和 5 mL 取样量做了折算。

3. 准确性探究

① 制备好的样品分析溶液，应立即移取发色，不可放置时间太长，以防止高浓度硅酸的聚合，而使结果偏低。

② 硅钼黄生成速度及稳定性与温度有关，因此发色时间要随室温不同而确定，见表 2-7。

表 2-7　硅钼黄发色时间参照表

室温/℃	15~20	20~30	30~40
发色时间/min	15~20	10~15	5~10

③ 亚铁混合还原液应在不断摇动瓶子下加入，以免局部浓度过大而引起结果波动。

④ 混合还原液使用时间不宜过长，一般不超过 10 天，否则还原能力降低，使结果偏低。

⑤ 在加钼酸铵的时候应提前把橡胶管里面的结晶清理干净再加入。

⑥ 发色二氧化硅的时候，不能对着空调和风扇吹，也不能放在电热炉和电热板旁边发色，以免引起误差。

六、酸溶硅的测定

试样用盐酸浸出，在 $0.1 \sim 0.25$ mol·L^{-1} 的酸度下，分子分散状态的硅酸与钼酸铵生成硅钼黄，然后用亚铁使硅钼黄还原为硅钼蓝，于分光光度计中（波长为 680 nm）测量其吸光度。

酸浸反应

$$Na_2SiO_3 + 2HCl + H_2O =\!=\!= 2NaCl + H_4SiO_4$$

生成硅钼黄的反应

$$H_4SiO_4+12H_2MoO_4=\!=\!=H_8[Si（Mo_2O_7）_6]+10H_2O$$

还原为硅钼蓝的反应

$$H_8\left[Si(Mo_2O_7)_6\right]+4FeSO_4+2H_2SO_4=\!=\!=$$

$$H_8\left[Si\genfrac{\langle}{}{0pt}{}{Mo_2O_5}{(Mo_2O_7)_5}\right]+2Fe_2(SO_4)_3+2H_2O$$

具体操作如下：

用电子分析天平准确称取 0.2500 g 试样，置于已加有 1+99 盐酸 100 mL 的 300 mL 锥形瓶中，放一颗搅拌子，塞上橡皮塞。然后置于已升至 85 ℃ 的水浴锅中加热并搅拌 15 min，取下，冷却至室温。用 1+99 的盐酸冲洗锥形瓶，借助漏斗转移到 250 mL 容量瓶中，用 1+99 的盐酸稀释定容，混匀，用定性滤纸过滤。

移取 5 mL 上述溶液置于已加有 1+99 盐酸 40 mL 的 100 mL 容量瓶中。

加入 10% 的钼酸铵溶液 4 mL，充分摇匀，室温下放置适当时间。然后加入 20 mL 硫酸-草酸-硫酸亚铁铵混合液，用水稀释至刻度，摇匀。

将试样溶液和随同试样所做的空白溶液移入 1 cm 的比色皿中。以水为参比，于分光光度计中（波长为 680 nm）测量其吸光度。当试样溶液的吸光度大于 0.8 时，要减少取样量（取 2 mL）。以试样溶液的吸光度减去空白溶液的吸光度作为被测试样的吸光度，从标准曲线中求得酸溶硅的含量。

七、邻二氮菲光度法测定三氧化二铁的含量

试样用氢氧化钠熔融，熔体用热水浸取并倒入盐酸溶液中。用盐酸羟胺还原 Fe^{3+} 为 Fe^{2+}，Fe^{2+} 在 pH=3～9 的酸度下，与邻二氮菲生成稳定的橘红色络合物，于分光光度计（波长 500 nm）测量其吸光度。本方法

适用于铝土矿、赤泥、粉煤灰和炉渣中三氧化二铁含量的测定。主要化学反应为：

$$4FeCl_3 + 2NH_2OH \cdot HCl \Longrightarrow 4FeCl_2 + N_2O + H_2O + 6HCl$$

$$Fe^{2+} + 3C_{12}H_8N_2 \Longrightarrow [Fe(C_{12}H_8N_2)_3]^{2+}$$

检测基本思路是：先绘制三氧化二铁标准曲线，然后测定试样的吸光度，由所得的吸光度值在标准曲线中得出试样的含量。

1. 标准曲线的绘制

① 分别准确移取 0.00 mL、1.00 mL、2.00 mL、3.00 mL、4.00 mL、5.00 mL 三氧化二铁标准溶液（1 mL 含 0.1 mg 三氧化二铁）于一组 100 mL 容量瓶中，加 20 mL 邻二氮菲-盐酸羟胺-乙酸钠混合液，用水稀释至刻度，混匀。

② 将部分试液移入 1 cm 比色皿中，以水为参比，于分光光度计波长 500 nm 处测量其吸光度。将测得的吸光度减去空白溶液的吸光度后，与标准溶液相对应于试样的三氧化二铁含量绘制标准曲线。

以某次标准曲线的绘制为例：准确称取（0.2500±0.0001）g 的铝土矿标准样品（Al_2O_3 含量为 70.28%，SiO_2 含量为 14.20%，Fe_2O_3 含量为 6.64%，TiO_2 含量为 2.85%），按本节"四、铝土矿试样溶液的制备"将标样浸出，此时 1 mL 溶液含有 Fe_2O_3 的质量为 0.0664 mg。分别准确移取 0.50 mL、1.00 mL、2.00 mL、2.50 mL、3.00 mL、4.00 mL、5.00 mL 三氧化二铁标准溶液于一组 100 mL 容量瓶中，加 20 mL 邻二氮菲-盐酸羟胺-乙酸钠混合液，用水稀释至刻度，混匀。

将部分试液移入 1 cm 比色皿中，以水为参比，于分光光度计波长 500 nm 处测量其吸光度。结果见表 2-8。根据标样已知 Fe_2O_3 的含量为 6.64%，分析试样取 5 mL 换算，即 5 mL 溶液中 Fe_2O_3 的百分含量为 6.64%，若此时分取 0.50 mL、1.00 mL、1.50 mL、2.00 mL、2.50 mL、3.00 mL、4.00 mL 溶液，吸取的三氧化二铁含量占 5 mL 溶液中三氧化二铁含量分别为 0.664%、1.328%、2.656%、3.320%、3.984%、5.312%、6.640%。

表 2-8　三氧化二铁标准溶液的吸光度和含量表

样量/mL	$A_{空白}$	$A_{标样}$	$A_{标样}-A_{空白}$	氧化铁含量/%
0.50	0.005	0.049	0.044	0.664
1.00	0.005	0.096	0.091	1.328
1.50	0.005	0.191	0.186	2.656
2.00	0.005	0.238	0.233	3.320
2.50	0.005	0.285	0.280	3.984
3.00	0.005	0.382	0.377	5.312
4.00	0.005	0.475	0.470	6.640

以 $A_{标样}-A_{空白}$ 为横坐标，所占 5 mL 溶液中氧化铁含量为纵坐标绘制曲线，如图 2-13。

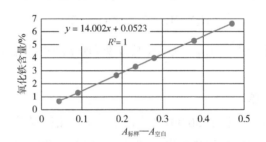

图 2-13　Fe₂O₃ 标准溶液曲线

2. 样品溶液三氧化二铁含量的测定

移取 5 mL 铝土矿样品溶液，置于 100 mL 容量瓶中，加入 20 mL 邻二氮菲-盐酸羟胺-乙酸钠混合液，用水稀释至刻度，摇匀。

将试样溶液和随同试样所做的空白溶液移入 1 cm 的比色皿中，以水为参比，于分光光度计波长 500 nm 处测量其吸光度。当试样溶液的吸光度大于 0.8 时，要减少取样量。以试样溶液的吸光度减去空白溶液的吸光度作为被测试样的吸光度,从标准曲线上查出相应的三氧化二铁含量。

八、EDTA 容量法测定三氧化二铝的含量

1. 测定原理

试样用氢氧化钠熔融,熔体用热水浸取并倒入盐酸溶液中。调整溶液酸度至 pH=2,加热煮沸使钛水解,加入过量的 EDTA,使铝及其他离子与 EDTA 全部络合,用硝酸锌回滴过量的 EDTA,而后加氟化钠置换出与氧化铝等量的 EDTA,在 pH=5.2～5.7 的酸度下,以二甲酚橙为指示剂,用硝酸锌标准溶液滴定释放出来的 EDTA,溶液颜色由黄色转为玫瑰红为终点。

其主要化学反应为:

$$H_2Y^{2-}+Al^{3+} \Longrightarrow AlY^-+2H^+$$

$$AlY^-+6NaF+2H^+ \Longrightarrow Na_3AlF_6+3Na^++H_2Y^{2-}$$

$$H_2Y^{2-}+Zn^{2+} \Longrightarrow ZnY^{2-}+2H^+$$

本方法适用于铝土矿、赤泥、粉煤灰和炉渣等固体物料中氧化铝含量的测定。

2. 测定步骤

用移液管准确移取 50.00 mL 铝土矿样品溶液,置于 500 mL 锥形瓶中,加入 2～3 滴 1%的酚酞指示剂,以 10%氢氧化钠溶液调成微红色,用 1 mol·L^{-1} 的盐酸调至红色刚刚消失,再过量 1 mol·L^{-1} 的盐酸 3 mL(铝土矿和矿浆则过量 4.5 mL,量筒量取),加入 5%的磺基水杨酸溶液 2 mL(量筒量取),加水至溶液的体积为 200 mL 左右。将溶液加热煮沸约 15 min,使钛完全水解(此时溶液体积约为 120 mL),趁热立即加入 0.05 mol·L^{-1} 的 EDTA 溶液 15 mL(铝土矿和矿浆试样加 20 mL,量筒量取),用三乙醇胺-氢氧化钠溶液调至溶液呈微红色,再滴加 1 mol·L^{-1} 的盐酸至无色,并过量 3～4 滴,加入 15 mL(量筒量取)乙

酸-乙酸钠缓冲液（pH=5.2～5.7），冷却至室温。加入 0.5%的二甲酚橙指示剂 6～7 滴，用 0.01962 mol·L^{-1} 的硝酸锌标准溶液滴定至玫瑰色即为终点（不记体积）。往溶液中加入 1～2 g 氟化钠，加热至微沸后，取下冷却，后用 0.01962 mol·L^{-1} 硝酸锌标准溶液滴定至玫瑰色即为终点，记录读数 V mL。

按下式计算氧化铝的含量：

$$w_{Al_2O_3} = \frac{0.001V}{0.05} = 2V$$

式中　V——滴定时消耗 $c_{[Zn(NO_3)_2]}$ =0.01962 mol·L^{-1} 硝酸锌标准溶液
　　　　　的体积，mL；

　　$w_{Al_2O_3}$——试样中 Al$_2$O$_3$ 的含量，%；

　　0.05——所取试样量，g；

　0.001——1 mL 0.01962 mol·L^{-1} 硝酸锌标准溶液相当于氧化铝的质
　　　　　量，g·mL^{-1}。

3. 准确性探究

① 在第一次硝酸锌滴定时，速度不宜过慢或用力摇动瓶子，否则氧化铝的测定结果可能偏低。

② 本测定方法产生负误差的机会多于正误差，引起负误差的因素有以下几方面：

　a. EDTA 过量太少；

　b. 滴定取代前后溶液两次煮沸的时间不足；

　c. 第一次硝酸锌回滴过量；

　d. 加入氟化钠的量不够；

　e. 第二次硝酸锌滴定的终点与第一次终点颜色不一致。

在氧化铝含量较低时，氟化钠加入量应减少，以免终点颜色不明显（煤矸石样加 1 g，赤泥加 1.5 g，铝土矿加 2 g）。

九、二安替比林甲烷光度法测二氧化钛的含量

试样用氢氧化钠熔融,熔体用热水浸取并倒入盐酸溶液中,在 0.5～4 mol·L^{-1} 的盐酸或硫酸介质中,用抗坏血酸将铁等干扰离子还原。加入二安替比林甲烷显色生成黄色络合物,于分光光度计波长 390 nm 处测量其吸光度。本方法适用于铝矿石、生料、熟料、赤泥、粉煤灰和炉渣等固体物料中 TiO$_2$ 含量的测定。整个测定过程是:绘制标准曲线→配制待测样溶液→测定→比对得出结果。

1. 标准曲线的绘制

① 分别准确移取 0 mL、1.00 mL、2.00 mL、3.00 mL、4.00 mL、5.00 mL 二氧化钛标准溶液(1 mL 含 0.1 mg 二氧化钛)于一组 50 mL 容量瓶中,再加入 1%的抗坏血酸溶液 5 mL,摇匀,接着加入 2%二安替比林甲烷溶液 10 mL,放置 30 min,用水稀释至刻度,摇匀。

② 将部分试液移入 1 cm 比色皿中,以水为参比,于分光光度计波长 390 nm 处测量其吸光度。当试液的吸光度大于 0.8 时,减少取样量。将测得的吸光度减去空白溶液的吸光度后,与标准溶液相对应于试样的二氧化钛含量绘制标准曲线。

如下是某次 TiO$_2$ 标准曲线的绘制:准确称取(0.2500±0.0001)g 的铝土矿标准样品(Al$_2$O$_3$ 含量为 70.28%,SiO$_2$ 含量为 14.20%,Fe$_2$O$_3$ 含量为 6.64%,TiO$_2$ 含量为 2.85%),按本节"四、铝土矿试样溶液的制备"将标样浸出,此时 1 mL 溶液含有 TiO$_2$ 的质量为 0.0285 mg。分别准确移取 1.00 mL、2.00 mL、3.00 mL、4.00 mL、5.00 mL 二氧化钛标准溶液于一组 50 mL 容量瓶中,再加入 1%的抗坏血酸溶液 5 mL,摇匀,接着加入 2%二安替比林甲烷溶液 10 mL,放置 30 min,用水稀释至刻度,摇匀。将部分试液移入 1 cm 比色皿中,以水为参比,于分光光度计波长 390 nm 处测量其吸光度。根据标样已知 TiO$_2$ 含量为 2.85%,分析试样取 5 mL 换算,即 5 mL 溶液中 TiO$_2$ 含量为 2.85%,若此时分取 0.50 mL、

1.00 mL、2.00 mL、3.00 mL、4.00 mL 溶液，吸取的氧化钛含量占 5 mL 溶液中氧化钛含量分别为 0.57%、1.14%、1.71%、2.28%、2.85%。结果见表 2-9。

表 2-9　氧化钛标准溶液的吸光度和含量表

取样量/mL	$A_{空白}$	$A_{标样}$	$A_{标样}$—$A_{空白}$	氧化钛含量/%
0.50	0.008	0.119	0.111	0.57
1.00	0.008	0.228	0.220	1.14
2.00	0.008	0.335	0.327	1.71
3.00	0.008	0.442	0.434	2.28
4.00	0.008	0.552	0.544	2.85

以（$A_{标样}$-$A_{空白}$）为横坐标，所占 5 mL 溶液中氧化钛含量为纵坐标绘制曲线，如图 2-14。

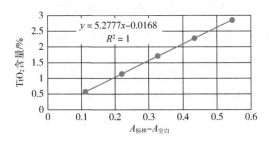

图 2-14　氧化钛标准溶液曲线

2. 配制测试溶液

移取 5.00 mL 铝土矿样品溶液，置于预先已加有 1+1 盐酸 10 mL 的 50 mL 容量瓶中，再加入 1%的抗坏血酸溶液 5 mL，摇匀，接着加入 2%二安替比林甲烷溶液 10 mL，放置 30 min，用水稀释至刻度，摇匀。

3. 测定结果

将试样溶液和随同试样所做的空白溶液移入 1 cm 的比色皿中，以水为参比，于分光光度计波长 390 nm 处测量其吸光度，当试样溶液的吸光度大于 0.8 时，要减少取样量。以试样溶液的吸光度减去空白溶液的吸光度后，从标准曲线上查出相应的二氧化钛含量。

4. 准确性探究

对二氧化钛含量很低的试样，可以使用 3 cm 比色皿。

十、氧化还原法测定负二价硫（S^{2-}）的含量

1. 分析原理

试样被盐酸分解，硫化物即分解生成硫化氢气体。

$$Na_2S+2HCl=\!\!=2NaCl+H_2S\uparrow$$

将硫化氢气体导入过量的镉盐溶液中，生成硫化镉而被吸收。

$$Cd（AC)_2+H_2S=\!\!=CdS+2HAC$$

往吸收液中加入过量的碘酸钾标准液和盐酸，此时反应如下：

$$CdS+2HCl=\!\!=H_2S\uparrow+CdCl_2$$
$$KIO_3+6HCl+5KI=\!\!=3I_2+6KCl+3H_2O$$
$$H_2S+I_2=\!\!=2HI+S\downarrow$$

过量的碘用 $Na_2S_2O_3$ 标准液滴定，求出硫化物的含量。

$$I_2+2Na_2S_2O_3=\!\!=2NaI+Na_2S_4O_6$$

2. 反应装置

硫化物反应装置图见图 2-15。

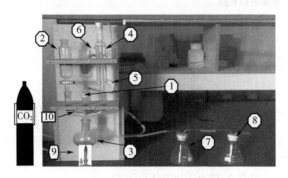

图 2-15　硫化物反应装置图

1—CO₂进气口；2—安全分液漏斗；3—分解烧瓶；4—冷凝器；
5—冷凝器进水口；6—冷凝器出水口；7，8—H₂S 吸收瓶；9—酒精灯；10—四通

3. 测定

① 先给 300 mL 的吸收瓶 7 中加入镉盐吸收液 40 mL，8 中加入镉盐吸收液 20 mL 和纯水 20 mL，将仪器连接好。

② 称取 1.0000 g 样品置于干燥的 150 mL 的平底烧瓶 3 中，加 30 mL 水，摇匀，然后与四通 10 紧密连接，使四通的通气管在安装好后能插入溶液中。将仪器连接好，缓慢通入 CO_2 气体 3 min，以排出容器中的空气，并检查仪器是否漏气。然后停止通气。

③ 由安全分液漏斗 2 往分解烧瓶 3 中加 $SnCl_2$ 盐酸溶液 40 mL。

④ 继续通 CO_2 气体，同时用酒精灯在圆底烧瓶中加热，直到试样分解完全，再煮沸 5 min，然后将酒精灯熄灭，继续通气 3 min。

⑤ 将两个镉盐吸收瓶 7、8 取下，将两溶液合并（将 8 转移到 7 中），并洗净瓶塞连接管和 8 号吸收瓶。

⑥ 往吸收瓶 7 加入 0.02 mol·L⁻¹ 碘酸钾标准溶液 10 mL，加 1～2 g 碘化钾，加入 1+1 盐酸 10 mL，盖上表面皿，放置 3 min。

⑦ 用 0.01 mol·L⁻¹ 硫代硫酸钠标准溶液滴定至淡黄色。加 0.5%淀粉溶液 3 mL，继续滴定至蓝色消失即为终点。

4. 分析结果的计算

$$w_{S^{2-}} = \frac{(2V_{KIO_3} - V_{Na_2S_2O_3}) \times 0.00016}{m_{试样}}$$

式中　$w_{S^{2-}}$——样品中 S^{2-} 的含量，%；

　0.00016——1 mL 0.01 mol·L^{-1} 硫代硫酸钠标准溶液相当于 S^{2-} 的质量，g·mL^{-1}；

　V_{KIO_3}——消耗的碘酸钾标准溶液的体积，mL；

$V_{Na_2S_2O_3}$——消耗的硫代硫酸钠的体积，mL；

　$m_{试样}$——待测样品的质量，g。

5. 准确性探究

① 必须保证装置气密性良好，保证产生的硫化氢气体能够全部被吸收。

② 在反应结束后应该先撤酒精灯，继续保持通气一段时间再关闭气体，不可以颠倒顺序以免液体倒吸。

③ 如果加入淀粉之后蓝色没有出现，需要继续加 10 mL 的碘酸钾溶液。

④ 分解瓶应烘干后使用，以免有水使样品结块而分解不完全。

⑤ 加入碘酸钾、碘化钾及盐酸后，应严格控制放置时间，以免结果波动，最好能做空白校正。

第四节　铝土矿熔样温度的试验研究

根据 YS/T 575.1—2007，铝土矿的熔样温度为（750±10）℃，但是实际化验中是采用 800 ℃来熔样，为了考察实际熔样温度的合理性，对熔样温度进行比对实验，具体操作及结果如下。

实验所用样品为铝土矿标准样品（成分含量已知），其他所有条件都相同，实验结果见表 2-10、表 2-11。

表 2-10　温度为 800 ℃时的分析结果

样品	SiO_2 含量/%	Fe_2O_3 含量/%	Al_2O_3 含量/%
标样 1	14.20（14.20）	6.62（6.64）	69.40（70.28）
标样 2	17.37（17.82）	9.63（9.69）	59.18（60.41）

注：括号内为标样的已知含量。

表 2-11　温度为 760 ℃时的分析结果

样品	SiO_2 含量/%	Fe_2O_3 含量/%	Al_2O_3 含量/%
标样 1	13.82（14.20）	6.61（6.64）	63.90（70.28）
标样 2	17.00（17.82）	9.51（9.69）	57.60（60.41）

注：括号内为标样的已知含量。

通过表 2-10 和表 2-11 的数据说明 800 ℃下的分析结果与标样的二氧化硅、氧化铁标准值含量在误差范围内，氧化铝超出误差但很稳定，而 760 ℃下的熔样的结果并不在误差范围内，氧化铝的分析结果不稳定且偏低，表明温度低时标样存在熔不出来的情况。

所以 760 ℃熔样分析不可取。

第五节　石灰

石灰，俗称白灰，是由石灰石高温煅烧而成的。其化学式为 CaO，是碱性氧化物，易吸水，也容易和空气中的二氧化碳反应生成碳酸钙。因此，在检测石灰中有效成分时，一般指的是有效氧化钙的含量，表 2-

12 是某石灰 A 的组分含量。

表 2-12　石灰 A 中各组分含量

成分	SiO$_2$	CaO$_f$	CaO	MgO
含量/%	3.13	81.80	89.09	2.43

生产指标要求：CaO$_f$ 含量大于等于 80%，SiO$_2$ 含量不大于 2.5%，MgO 含量不大于 2.5%。

生产用石灰颜色为淡灰色，见图 2-16。

图 2-16　石灰 A 形貌图（见彩插）

一、酸碱容量法测定石灰中有效氧化钙的含量

在蔗糖存在下，蔗糖与氧化钙结合能生成溶解度较大的蔗糖钙，用酚酞作指示剂，用盐酸标准溶液直接滴定蔗糖钙中的有效氧化钙。

$$C_{12}H_{22}O_{11}+CaO = C_{12}H_{22}O_{11} \cdot CaO$$
$$C_{12}H_{22}O_{11} \cdot CaO+2HCl = CaCl_2+C_{12}H_{22}O_{11}+H_2O$$

具体分析方法如下：

称取 0.5000 g 试样置于已加入 4 g 蔗糖的 300 mL 干燥锥形瓶中，放入搅拌子，加入 50 mL 煮沸后冷却的蒸馏水，盖上塞子并及时轻轻摇晃（防止蔗糖粘在瓶底），放置在磁力搅拌器上搅拌 15 min，取下锥形瓶加入 2 滴 1%酚酞指示剂，立即用 0.357 mol·L⁻¹盐酸标准溶液滴定至红色转变为无色即为终点。记下刻度 V。滴定速度不宜太快也不宜太慢。

$$w_{CaO_f} = （V×0.01）/0.5000=0.02V$$

式中　w_{CaO_f}——有效钙的含量，%；

　　　　V——滴定时消耗 0.357 mol·L⁻¹盐酸标准溶液的体积，mL；

　　　　0.01——1 mL 0.357 mol·L⁻¹盐酸标液相当于氧化钙的质量，g·mL⁻¹；

　　　　0.5000——试样的质量，g。

注：石灰中的有效氧化钙是指石灰中活性的游离氧化钙占石灰试样的质量分数。测定有效氧化钙，一方面可以检查石灰炉的生产情况，另一方面，生产配料需要的也是有效氧化钙的量。

准确性探究：

① 由于氧化钙极易吸收水分和二氧化碳，因此称样和操作过程应尽快进行，以减少与空气的接触。

② 使用的锥形瓶应事先烘干，并在加入水时要一次性迅速加入，及时振荡，以防止试样结块，浸出不完全。

③ 为了避免水中和空气中的二氧化碳与氧化钙作用，添加的水应是煮沸后冷却的蒸馏水，在充分振荡（或搅拌）时容器上应加盖。

加冷水的原因是：热水能使蔗糖与钙生成溶解度较小的蔗糖三钙（$C_{12}H_{22}O_{11}·3CaO$），使蔗糖产生副反应。

④ 蔗糖与氧化钙的反应比较缓慢，除充分振荡外，必须加足蔗糖的量。

⑤ 在搅拌器上搅拌时必须把样品充分搅拌均匀，不能使样品粘在瓶底，否则分析结果偏低。若发现有样品粘在瓶低时应立即安排重做。

⑥ 样品必须保存在自封袋里，防止样品吸潮。

⑦ 煮沸后的水不宜放置太长时间。

二、EDTA 容量法分别测定石灰中氧化钙和氧化镁的量

试样用氢氧化钠熔融，熔体用热水浸取并放入盐酸溶液中，取一份溶液，以三乙醇胺为掩蔽剂，在 pH=13 时，用 EDTA 测定钙量。另取一份溶液，以酒石酸钾钠和三乙醇胺为掩蔽剂，在 pH=10 时，用 EDTA 测定钙镁含量。

本方法适用于石灰、石灰石、白云石中氧化镁含量大于 5% 的试样。

1. 试样溶液的制备

称量前，样品（带纸质样品袋）在 105～110 ℃干燥箱烘干 2 h，然后放入干燥器冷却。然后用电子分析天平准确称取 0.2500 g 样品，置于 30 mL 银坩埚中，加入 3.0 g（托盘天平称取）氢氧化钠颗粒，放入提前升温至 800 ℃的高温箱中，加热熔融 20 min 后取出，不断转动坩埚，使熔融物均匀地附于坩埚内壁上。然后将坩埚放入直径 90 mm 的玻璃漏斗上，该漏斗插入已加有 1+1 盐酸 40 mL 和 50 mL 热蒸馏水（刚煮沸并冷却）的 250 mL 容量瓶中。1000 mL 的烧杯中加沸水，用坩埚钳拿着坩埚在沸水中冲洗坩埚外壁，待无剧烈飞溅后，再将坩埚放入沸腾蒸馏水中浸出熔融物，将溶液经漏斗倒入容量瓶中。用热水洗涤坩埚，再用少量稀盐酸洗净坩埚内外壁，最后用热水冲洗坩埚及漏斗，将洗液移入容量瓶中，摇匀。待溶液冷却到室温，用水稀释至凹液面与容量瓶刻度线相切，混匀，作为试样溶液。

2. 分析测定

① 移取 50.00 mL 上述试样溶液，置于 500 mL 锥形瓶中，加 50 mL 水、1+2 三乙醇胺溶液 10 mL，加入少量 CMP 指示剂（干燥保存），摇匀；加入 20% 的氢氧化钾溶液 15 mL，摇匀。用 0.01783 mol·L^{-1} EDTA 标准溶液滴定，当溶液绿色荧光消失，变为纯红色即为终点（不考虑反色），记下所消耗的标准溶液的体积 V_1（滴定分析中勿甩瓶）。

② 另移取 50.00 mL 试样溶液，置于 500 mL 锥形瓶中，加 50 mL

水、10%酒石酸钾钠溶液 2 mL、1+2 三乙醇胺溶液 10 mL，摇匀；加 1+1
氨水 20 mL，加少量 K-B 指示剂（干燥保存），摇匀。用 0.01783 mol·L^{-1}
EDTA 标准溶液滴定，当溶液由紫红色转变为纯蓝色即为终点，记下滴
定时所消耗的标准溶液的体积 V_2（边滴边甩瓶）。空白试样随同做。

3. 计算氧化钙的含量

按下式计算氧化钙的含量：

$$w_{CaO_f}=0.001\times V_1/0.05=0.02V_1$$

按下式计算氧化镁的含量：

$$w_{MgO}=\frac{7.187\times10^{-4}\times(V_2-V_1)}{0.05}=0.01437\times(V_2-V_1)$$

式中　　w_{CaO_f}——试样中有效氧化钙的含量，%；

w_{MgO}——试样中氧化镁的含量，%；

V_1——滴定氧化钙时所消耗 EDTA 标准溶液的体积，mL；

V_2——滴定氧化钙、氧化镁含量时所消耗 0.01783 mol·L^{-1}
EDTA 标准溶液的体积，mL；

0.001——1 mL 0.01783 mol·L^{-1} EDTA 标准溶液相当于氧化钙的
质量，g·mL^{-1}；

0.05——分取试样的质量，g；

7.187×10^{-4}——1 mL 0.01783 mol·L^{-1} EDTA 标准溶液相当于氧化镁的
质量，g·mL^{-1}。

4. 准确性探究

① 使用熔剂氢氧化钠时，应同其他试剂一起进行空白试验，若空
白试验结果太高应考虑空白样的影响。

② 加入氢氧化钾后，应立即滴定，以免镁的沉淀物吸附钙，使结
果偏低。

③ 镁与 EDTA 络合速度较慢，故滴近终点时速度要慢，并充分进

行振荡。

④ 指示剂加入量要适当，并尽量保持一致，过多过少都会影响终点的准确判断。

⑤ 在 pH=13 测定氧化钙的溶液中，不能加酒石酸钾钠，否则终点不易看出。

三、硅钼蓝光度法测定二氧化硅的含量

方法同第三节"五、硅钼蓝光度法测定二氧化硅的含量"。

第三章
过程液体物料的分析原理及方法探讨

氧化铝生产过程中的物料包括液态的铝酸钠浆液、各种水以及固态的赤泥。

第一节　铝酸钠浆液简介

1. 铝酸钠浆液介绍

铝酸钠浆液是氧化铝生产过程中重要的中间产物。了解铝酸钠浆液的组成和含量，对正确管理氧化铝生产有着重要意义。氧化铝生产过程中的铝酸钠浆液有如下几种：原料原矿浆、调整后矿浆、溶出矿浆、稀释后矿浆、底流、种分槽、平盘料浆等浆液和分离溢流、一洗溢流、蒸发循环母液、蒸发原液、精液（过滤精制后的铝酸钠溶液）、平盘母液、立盘母液以及强滤液等铝酸钠溶液。其中经过沉降分离过滤后含少量悬浮物的铝酸钠溶液有：分离溢流、一洗溢流、蒸发原液、精液、平盘母液、立盘母液以及强滤液等。对原料原矿浆、调整后矿浆、溶出矿浆、稀释后矿浆、底流、种分槽、平盘料浆等浆液要进行过滤以测定液固比、固体含量、细度等物理性质，以及对滤液进行全碱、氧化铝、苛性碱、碳酸碱、二氧化硅、三氧化二铁、硫酸根、氧化镓、有机物等化学成分的分析。对于经过沉降分离过滤后含少量悬浮物的铝酸钠溶液，要通过过滤进行浮游物等物理性质的测定，和对滤液进行全碱、氧化铝、苛性碱、碳酸碱、二氧化硅、三氧化二铁、硫酸根、氧化镓、有机物等化学成分的分析。测定浆液中的液固比及固体含量，可以了解矿浆配料的情况、赤泥浆液在沉降槽中的沉降性能等。细度的测定是为了控制矿浆中矿石磨细的程度。铝酸钠精液中的浮游物是硅铝酸钠细小颗粒，精液中有过多的浮游物存在时会随铝酸钠溶液的分解而进入氢氧化铝中，从而使产品质量变坏。因此，必须控制精液中浮游物的含量。拜耳法赤泥滤饼中的水分直接影响到生料浆水分的高低，从而影响液量平衡。

铝土矿中的 Al_2O_3 属于两性氧化物，在氢氧化钠的碱性溶液中，Al_2O_3 溶解形成铝酸钠。铝酸钠溶液中的铝，在分析中以 Al_2O_3 的形式报出结果。故铝酸钠溶液中的基本成分是 Al_2O_3 和 Na_2O。

在氧化铝生产过程中，把铝酸钠浆液中需分析检测的碱分为三种形式：全碱（Na_2O_T）、碳酸碱（NaO_C）和苛性碱（Na_2O_K）。溶液中的苛性碱是指溶液中未化合的氢氧化钠（NaOH）、铝酸钠 [NaOH·Al(OH)$_3$]、硅酸碱（例如 Na_2SiO_3）以及硫化碱等；碳酸碱是指碳酸钠；苛性碱和碳酸碱的总和称为全碱。铝作为两性元素，在酸性溶液中以酸根离子的铝盐形式存在；在碱性溶液中以铝酸盐形式存在，如在钠碱中就是铝酸钠，钾碱中就是铝酸钾等。铝酸钠溶液中的大部分碳酸碱是由原料中的碳酸盐以及空气中的二氧化碳与溶液中的苛性碱作用而形成的。碳酸碱在拜耳法系统中被视为有害物质，因为它的生成会降低苛性碱的浓度，导致矿石中氧化铝的溶出减少。

铝酸钠溶液的碱性除了氢氧化钠和碳酸钠等钠盐形成外，还有少量钾的碱和盐，但在分析中，都以 Na_2O 形式报出结果。铝酸钠溶液中所含的苛性碱（Na_2O_K）与氧化铝（Al_2O_3）的分子数之比称为苛性化系数，用 a_k 表示，也是铝酸钠溶液中氧化钠与氧化铝的物质的量之比。

铝酸钠浆液中的铁存在着两种形态，一种是少部分的分布均匀的胶体 $Fe(OH)_3$ 浮游物，另一种是被高浓度 OH^- 溶解的铁，显示铁酸根的颜色，致使铝酸钠溶液常常显示橘红色，如图3 1。

图 3-1　橘红色的铝酸钠溶液（见彩插）

2. 铝酸钠浆液的采样

按规定的采样地点、流程设备和采样部位采样。

（1）阀门中采样　先打开阀门，放出管路内存料，视管路长短控制放料时间（图3-2）。然后用溶液或浆液迅速洗样缸两次，取出所需量，盖好样缸盖，备作成分分析。原矿浆样品见图3-3。

图 3-2　原矿浆取样口

图 3-3　原矿浆样品(见彩插)

（2）流槽或分级机溢流采样　用干净样缸，靠近流槽浆液出口处（或分级机溢流处）浆液边，小心取出所需量，盖好样缸盖。用长柄缸转移取样时，在将取出的浆液部分倒入干净的样缸内后，小心摇动长柄缸再继续倾倒，使沉淀物全部转移到样缸内，盖好样缸盖。

第二节　铝酸钠浆液物理性质的分析

一、液固比与固含率

需要分析固含率的料浆是原料原矿浆、调整后矿浆（图 3-4）、溶出矿浆、稀释后矿浆、所有底流、种分槽、平盘料浆；需要分析液固比的料浆是所有底流，这种料浆有明显的液固共存现象，甚至于成泥状，如图 3-5。

图 3-4　调整后矿浆（见彩插）　　　图 3-5　四洗底流（见彩插）

液固比和固含率的测定通常使用烘干称重法。

液固比（L/S）：表示浆液中液体质量与固体质量之比，无单位。

固含率（S）：固体含量，表示在 1 L 浆液中所含固体物质的质量（g），单位为 $g \cdot L^{-1}$。

量取一定量体积的浆液，称重；过滤烘干再称量，根据质量、体积计算固含率和液固比。具体操作为：用托盘天平（电子台秤）称量干燥量杯，质量记作 W_2，单位为 g。将从取样点取来的浆液，搅拌均匀，迅速量取 100 mL 浆液于已知质量的量杯中，用托盘天平称量，质量记作 W_1，单位为 g。在水旋泵上减压过滤（一定不能跑滤），用热水洗涤几遍（对于留样的，要洗至无碱性，以 1%酚酞检验至无红色），同滤纸一起取出，于电热板上低温处烘干，用托盘天平称量烘干滤饼及滤纸质量，记作 W，用下面公式计算。

固含率：

$$S=W\times1000/100 =W\times10$$

液固比：

$$L/S=（W_1-W_2-W）/W$$

但是这样的分析方法经常造成数据的重复性不好，需要注意下列细节：

① 量取浆液时一定先将样品搅拌均匀，并迅速倒出定容，以防沉淀所带来的偏差，这会使结果偏低很多。

② 量取时要准确，在小范围内增减量时，必须在两者浆液动态均匀下进行。

③ 过滤时不能漏滤。

④ 在电热板上烘干时，要置于低温处烘干，由于氢氧化铝失水的温度较低（190～200 ℃时开始失去第一个结晶水），采用烘干称量法时必须严格控制烘干温度。低温烘干也可防止钢碟中的残留物爆出，造成结果偏差。

⑤ 测定时，样品必须充分摇匀，而且速度要快，取出时要迅速倒出，特别是对浓度低、固体粒子较大的浆液更应如此，否则固体粒子沉淀速度快，会给结果带来较大的偏差。

⑥ 生产技术指标：

分离沉降槽底流液固比（L/S）为 3.5～4.5；

固含率（S）≥500 g·L^{-1};

原矿浆固含率（S）为300～350 g·L^{-1};

洗涤沉降槽底流固体质量分数≥45%;

分解槽首槽固含率为800 g·L^{-1};

赤泥压滤滤饼固体质量分数≥70%。

二、细度

细度是指将原料原矿浆、调整后矿浆烘干的固体粒子，采用不同筛号过筛后，筛上残留物质质量与总固体质量之比，以百分数表示，即单位为%。

1.测定步骤

① 将取来之浆液充分倒匀后，用量筒迅速量取两份各 100 mL 的铝酸钠浆液于量器中，其中一份浆液按测定固含率操作步骤进行，求出固体质量，记作 W，单位为 g。另一份迅速倒入 63 μm（230 目）的标准筛中，用水冲洗至漏液不再浑浊，然后将筛上残留移至不锈钢碟中于电热板上烘干。

② 将干燥的标准筛按照小目在上大目在下的顺序，即按照 500 μm（32 目，35$^{\#}$）、300 μm（48 目，50$^{\#}$）、63 μm（250 目，230$^{\#}$）的顺序套在一起，然后将烘干后的残留物倒入最上面的标准筛上，筛至残留物不再漏下为止，分别称筛上残留物质量，质量分别记作 W_1、W_2 和 W_3，单位为 g。根据质量计算细度。

2.计算分析结果

$$500\ \mu m\ 筛细度（\%）=W_1/W\times100\%$$
$$300\ \mu m\ 筛细度（\%）=（W_1+W_2）/W\times100\%$$
$$63\ \mu m\ 筛细度（\%）=（W_1+W_2+W_3）/W\times100\%$$

式中　W_1——500 μm 筛上残留质量，g;

W_2——300 μm 筛上残留质量，g；

W_3——63 μm 筛上残留质量，g；

W——100 mL 浆液固体含量，g。

3.准确性探讨

① 所有样品的称量必须准确，否则将影响细度的结果；

② 湿筛时防止水冲过猛而造成残渣损失；

③ 筛前必须检查筛号顺序是否正确，即从上至下，孔径由大到小；

④ 筛时必须筛至残留不再漏下为止；

⑤ 在电热板上烘干时，要防止钢碟中的残留物爆出，造成结果偏差；

⑥ 量取浆液时一定先将样品搅拌均匀；

⑦ 生产指标要求：+500 μm≤0.5%，+300 μm≤1.0%，+63 μm≤22%；

> 注：筛号和目都表示每英寸（25.4 mm）长度中具有的孔数，目是泰勒标准，筛号是美国标准。

三、浮游物

浮游物表示 1 L 铝酸钠溶液（拜耳法分解母液、平盘母液、蒸发原液、精液、粗液、溢流）中所含悬浮物的质量（g），单位为 $g \cdot L^{-1}$。

具体操作为：准确量取定量体积的试样，过滤，于电炉上灰化和马弗炉中灼烧，称重，根据质量计算浮游物含量。

坩埚在 650 ℃的马弗炉中灼烧 15 min 至恒重（将坩埚从马弗炉中取出，在空气中冷却至高于室温，然后放入干燥器，中途一定要打开干燥器两次，以免里面压力降低，难以打开。冷却至室温，取出称量，然后再灼烧，重复上面的操作，直至两次称量之差<1 mg，取平均值）后，将取来的试样溶液充分混匀，量取 100 mL（精液取 200 mL）用中速定量滤纸减压过滤，用热水洗涤几遍（精液洗至无碱性，用 1%酚酞检查无红色），取出滤纸连同残渣放入 30 mL 的瓷坩埚中于电炉上低温灰

化，接着放在 650 ℃的马弗炉中灼烧 15 min，在干燥器中冷却至室温，于电子分析天平上称重为 m。

分析结果的计算公式：

$$浮游物（g \cdot L^{-1}）＝m/V×1000$$

式中　m ——所取浆液中浮游物的质量，g；

　　　V ——所取浆液的体积，mL。

准确性探讨：

① 所使用的取样容器（包括取样缸和烧杯），必须干净，特别是测定精液（样缸专用），尤为重要；

② 所使用的漏斗必须干净，过滤之前用水洗净；

③ 滤纸同残渣必须洗至无碱性，一般洗 10 遍即可或用酚酞做检查，以防止水解造成结果偏高；

④ 过滤速度要快，洗涤热水温度应在 85 ℃以上，以防样品水解；

⑤ 取出残渣及滤纸时手要干净，防止碱的污染；

⑥ 滤纸灰化时要防止火焰产生，以免带走残渣使结果偏低，灼烧后不得有炭块，否则结果偏高；

⑦ 保证天平零点准确；

⑧ 天平及马弗炉的使用按仪器的使用规程进行；

⑨ 过滤时应防止残渣跑滤；

⑩ 生产技术指标：

精液浮游物≤15 mg $\cdot$ L^{-1}；

溢流浮游物含量≤250 mg $\cdot$ L^{-1}。

第三节 铝酸钠溶液化学成分的分析

铝酸钠浆（溶）液是氧化铝生产过程中最主要的中间产物。掌握铝酸钠浆（溶）液的组成和含量，对正确指导、管理氧化铝生产有着重要的意义。

一般情况下，对铝酸钠浆（溶）液将进行下列项目的测定：液固比、固含、细度、浮游物、密度、水分等物理性质，以及全碱、氧化铝、苛性碱、碳酸碱、二氧化硅、三氧化二铁、硫酸根、有机碳等化学成分。

铝酸钠溶液中的基本成分是 Al_2O_3 和 Na_2O。Na_2O 包括与 Al_2O_3 反应成铝酸钠的 Na_2O 和以游离的 $NaOH$ 形态存在的 Na_2O，它们都称为苛性碱（以 Na_2O_K 表示，简写为 N_K）；同时还有以 Na_2CO_3 形态存在的 Na_2O，即碳酸碱（以 Na_2O_C 表示，简写为 N_C）。

在氧化铝生产中，一般将苛性碱和碳酸碱的总和称为全碱，以 Na_2O_T 表示，简写为 N_T。它们主要以钠盐形式存在，此外，还有部分以钾盐形式存在，在分析中均以 Na_2O 形式报出结果。

在碱性溶液中，铝是以铝酸钠的形态存在，在分析中以 Al_2O_3 的形式报出结果。

一、分析溶液的制备

为了减少取样带来的误差，除低浓度溶液（如洗液等）可直接取 1～10 mL 分析外，其他溶液应稀释一定体积后再分析。例如拜耳法取原液 5 mL 于 100 mL 容量瓶中，稀释定容，混匀，取 10 mL 进行分析，相当于取拜耳法原液 0.5 mL。

用干燥移液管移取 5.00 mL 经过滤后的拜耳法铝酸钠浆液于 100 mL

容量瓶中，用蒸馏水定容，摇匀。此制备液可用于本节后文所涉及的成分分析。

二、准确性探讨

① 对于高浓度和黏度较大的铝酸钠溶液，如原矿浆、高压溶出矿浆、蒸发母液等，分析过程中在移取样品时必须用水冲洗移液管，冲洗液倒回容量瓶，才能获得正确结果，否则会使结果偏低 1%～2%。一般要求 N_T 大于 200 g·L^{-1} 时，均需用水冲洗移液管。

② 用移液管量取不同温度的铝酸钠溶液，会导致不同的分析结果，因此，在取样分析时，应尽量保持在相同温度下进行。必要时应注明取样时样品的温度。

③ 对于生产过程中的物料浆液需要进行溶液分析时，有时必须经过过滤，如高压溶出矿浆等，但由于铝酸钠溶液中的 NaAl（OH）$_4$ 渗透滤纸的速度比游离的 NaOH 渗透得快，故开始滤出的一部分溶液的 α_k 要比真实值小，经试验取第二份或第三份 5 mL 滤液分析才能接近或与原液相符。因此，需要过滤进行溶液分析时，必须将第一份约 5 mL 的滤液弃去。对于低 α_k 的铝酸钠溶液要及时分析，放置时间太长溶液中会有硫酸盐、碳酸盐等析出。

三、全碱、氧化铝的检测

1. 分析原理

本探讨采用 EDTA 络合返滴定法测定氧化铝，酸碱返滴定法测定全碱，适用于测定铝酸钠溶液中全碱含量为 20～400 g·L^{-1}、氧化铝含量为 20～350 g·L^{-1} 的铝酸钠溶液。

由于铝能使指示剂产生封闭作用，而且在微酸性溶液中，铝与 EDTA 络合反应缓慢，因此不能采用直接滴定法，而采用返滴定法。

Al-EDTA 络合物的绝对稳定常数 $\lg K_{AlY}$ 为 16.13，酸度状态常数在 pH 为 5～6 时为最大，即 $\lg c_{AlY}$ 为 9.7～10.5，故在此酸度下，Al-EDTA 络合反应能够很好地进行，当 pH<4 及 pH>6 时因受"酸效应"及水解效应的影响，Al 与 EDTA 则不能完全络合。所以 Al 与 EDTA 的络合通常在 pH 为 4～6 下进行（也有资料显示 pH 为 3.1±0.1 最好）。

选择指示剂的标准，一是按本分析方法指示剂的变色不会在 pH 为 4～6 的酸度下发生，二是终点颜色的变化比较敏锐。二甲酚橙指示剂与金属离子作用呈紫红色。它的水溶液可进行 7 级酸式离解，其中 H_7In 至 H_3In^{4-} 为黄色，H_2In^{5-} 至 In^{7-} 为红色。在 pH 为 5～6 时，二甲酚橙主要以 H_3In^{4-} 形式存在，故溶液呈黄色，根据酸碱平衡，在 pH 大于 6 时，H_3In^{4-} 离解为 H_2In^{5-}，故溶液呈红色。因此二甲酚橙指示剂只适用于在 pH<6 的酸性溶液中使用。在本探讨中，用锌盐滴定过量的 EDTA 到达等当点时，过量一滴锌盐与指示剂反应而使溶液变为紫红色。

在铝酸钠溶液中碳酸钠以 Na_2CO_3 状态存在，在以酚酞作指示剂用盐酸中和时，碳酸钠以 $NaHCO_3$ 状态存在（pH=8.2）。

$$Na_2CO_3+HCl{=\!=\!=}NaHCO_3+NaCl$$

在过量盐酸情况下（pH=4～5），碳酸根以 H_2CO_3（H_2O+CO_2）状态存在。

$$Na_2CO_3+2HCl{=\!=\!=}2NaCl+H_2CO_3$$
$$H_2CO_3\overset{\triangle}{=\!=\!=}H_2O+CO_2\uparrow$$

所以加热的目的，一是促使 EDTA 与铝的络合，二是促使碳酸钠的完全分解，并使二氧化碳完全逸出，否则将使全碱结果偏低。

采用 EDTA 络合滴定法测定氧化铝，酸碱滴定法测定全碱，并在同一试样溶液中进行。即在试样溶液中加入过量的 EDTA 及盐酸标准溶液，加热使反应完全，然后用氢氧化钠标准溶液回滴过量的盐酸，以测定全碱；接着在 pH=5.2～5.7 的酸度下，用硝酸锌标准溶液回滴过量的 EDTA，以测定氧化铝。

但过剩的 EDTA 在回滴到 pH=8.2（酚酞变色）时，离解出一个氢离子，起着一元酸的作用，消耗等当量的氢氧化钠，因此计算全碱时应加以补正，其反应如下：

$$NaAl（OH）_4+Na_2H_2Y+2HCl \xrightarrow{\text{（pH=4~5）}} NaAlY+2NaCl+4H_2O$$

$$NaOH+HCl = NaCl+H_2O$$

$$Na_2CO_3+2HCl = 2NaCl+H_2O+CO_2\uparrow$$

用 NaOH 回滴到 pH=8.2 时的反应：

$$HCl+NaOH = NaCl+H_2O$$

$$H_2Y^{2-} \rightleftharpoons H^+ + HY^{3-}$$

$$H^+ + OH^- = H_2O$$

$$NaAlY + NaOH = Na_2Al（OH）Y$$

用 Zn（NO$_3$）$_2$［或者 Zn（AC）$_2$］回滴时的反应（pH=5.2～5.7）：

$$Zn^{2+}+H_2Y^{2-} = ZnY^{2-}+2H^+$$

滴定终点的反应（H$_6$X 代表二甲酚橙）：

$$Zn^{2+}+H_6X = ZnX^{4-}+6H^+$$

（黄色）　（紫色）

2. 分析步骤

预先在 500 mL 锥形瓶中加入过量的 0.09808 mol·L^{-1} 的 EDTA 标准溶液 V_0（视 Al$_2$O$_3$ 含量定），具体加入量见表 3-1。用干燥移液管移取 10.00 mL 制备好的分析溶液（相当于铝酸钠溶液原液 0.5 mL，记作 V_1）于上述锥形烧瓶中，摇匀，加过量的 0.3226 mol·L^{-1} HCl 标准溶液 V_2（一般过量 5 mL 左右），具体加入量见表 3-1。摇匀，在电炉上加热煮沸

1~2 min（温度过高会使终点不明显），促使 EDTA 和 Al^{3+} 的络合，另一方面也促使碳酸钠的完全分解。加 3 滴 1% 的酚酞指示剂，趁热用 0.3226 mol·L^{-1} 氢氧化钠标准溶液滴至微红色，氢氧化钠标准溶液的用量为 V_3。用量筒量取 pH=5.2～5.7 的乙酸-乙酸钠缓冲溶液 10 mL，冷却到室温，加 0.5% 二甲酚橙指示剂 3～5 滴，以硝酸锌标准溶液滴定至由黄色变为玫瑰红色即为终点，记下消耗的溶液体积 V_4。

表 3-1 全碱、氧化铝测定中加入 HCl 和 EDTA 体积的关系

试样名称	Na_2O_T 含量 / (g·L^{-1})	Al_2O_3 含量 / (g·L^{-1})	测定时加入 HCl 的体积/mL	测定时加入 EDTA 的体积/mL
高压溶出	~270	~300	15	35
稀释后矿浆	~170	~180	10	20
粗液	~170	~180	10	20
精液	~170	~180	10	20
原矿浆	~220	~120	15	15
蒸发母液	~250	~130	15	15
种分首槽	~170	~130	10	15
种分中槽	~170	~100	10	15
种分末槽	~170	~90	10	10
一次洗液	~50	~50	5	10
末次洗液	~6	~2	5	5

按下式计算氧化铝的含量：

$$S_{Al_2O_3} = \frac{5V_0 - 1.645V_4}{V_1} = 2 \times (5V_0 - 1.645V_4)$$

按下式计算全碱的含量：

$$S_{Na_2O_T} = \frac{(V_2 - V_3) \times 10 + V_4}{V_1} = 20 \times (V_2 - V_3) + 2V_4$$

式中 $S_{Al_2O_3}$, $S_{Na_2O_T}$——试样中氧化铝、全碱的含量，g·L^{-1}；

V_1——移取试样相当于铝酸钠溶液原液的体积（本式中为0.5），mL；

V_2——加入盐酸标准溶液的体积，mL；

V_3——回滴时消耗氢氧化钠标准溶液的体积，mL；

V_4——回滴时消耗硝酸锌溶液的体积，mL；

V_0——加入EDTA标准溶液的体积，mL；

5——1 mL 0.09808mol·L^{-1}的EDTA相当于氧化铝的质量，mg·mL^{-1}；

1.645——1 mL 0.03226 mol·L^{-1}硝酸锌标准液相当于氧化铝的质量，mg·mL^{-1}；

10——1 mL 0.3226 mol·L^{-1}盐酸标准液相当于氧化铝的质量，mg·mL^{-1}。

3. 准确性探讨

① 试剂加入顺序：应先加EDTA，后加试样，再加盐酸。否则乙二胺四乙酸（即EDTA）易析出，或产生氢氧化铝沉淀，煮沸时沉淀难以溶解，将造成全碱结果或者氧化铝结果偏低。

② 加热使溶液澄清后，继续煮沸1～2 min，以彻底赶出二氧化碳，否则将造成全碱结果偏低。

③ 溶液过量的EDTA不宜太多，因为在pH值高时，HY^{3-}还能进一步和OH$^-$反应，使全碱结果偏低。

$$HY^{3-}+OH^- \Longrightarrow H_2O+Y^{4-}$$

④ 在用硝酸锌标准液滴定前，加二甲酚橙指示剂后如试液呈紫红色，先检查是否忘了加缓冲溶液，因pH>6时，指示剂本身即为红色，补加缓冲液后，试剂应显黄色，可继续进行滴定；其次是加EDTA的量不够，该情况是加酸后因铝水解而试液变混浊，可及时补加EDTA，若

滴过全碱后发现 EDTA 加入量不足，应重新分析；在 EDTA 加入量不够的情况下，氢氧化铝易析出，补加 EDTA，若煮沸不澄清，应重新取样分析，否则将使氢氧化铝结果偏低。凡补加 EDTA 时，全碱结果计算不再加硝酸锌的量。

⑤ 盐酸和 EDTA 标准液加入量计算：

$$V_{HCl} = S_{N_T, 估量} \times 原试样液（mL）/10 + 5$$

$$V_E = S_{Al_2O_3, 估量} \times 原试样液（mL）/5 + 5$$

式中　$S_{N_T, 估量}$，$S_{Al_2O_3, 估量}$——全碱和 Al_2O_3 的估计含量，$g \cdot L^{-1}$；

V_{HCl}——盐酸标准液的加入量，$mg \cdot mL^{-1}$；

V_E——EDTA 标准液的加入量，$mg \cdot mL^{-1}$；

10——1 mL 0.3226 $mol \cdot L^{-1}$ 盐酸标准液相当于 Na_2O 的质量，$mg \cdot mL^{-1}$；

5——1 mL 0.09808$mol \cdot L^{-1}$ 的 EDTA 相当于 Al_2O_3 的质量，$mg \cdot mL^{-1}$；

+5——过量盐酸和 EDTA 的体积，mL。

加入 HCl 和 EDTA 的量见表 3-1。

⑥ EDTA 标液的 pH 值会影响全碱的结果，因为计算全碱的含量时，是假设 EDTA 标液全以乙二胺四乙酸二钠盐的形式存在，EDTA 溶液的 pH 值应为 4.8，实际上 EDTA 溶液的 pH 值往往小于 4.8，使全碱分析结果的精度降低。所以，使用 EDTA 标液时，除需标定浓度外，还应标定酸度，即用移液管移取 25.00 mL 的 0.09808 $mol \cdot L^{-1}$ EDTA 于锥形瓶中，加 50 mL 水、8 滴 1%酚酞指示剂，以 0.3226 $mol \cdot L^{-1}$ 氢氧化钠标准溶液滴定至微红色，即为终点，氢氧化钠标准溶液的理论消耗量应为 7.6 mL，否则应加以调整。

⑦ 本方法对含量过低的样品分析，有时氢氧化钠滴定会出现"负值"，即回滴时消耗 0.3226 $mol \cdot L^{-1}$ 氢氧化钠超过加入的盐酸量，此

种现象的出现是因为溶液中全碱、氧化铝含量过低，EDTA 过量太多，由于过量部分 EDTA 的酸效应，使离解出的氢离子消耗氢氧化钠标液之量大于全碱消耗盐酸的量，致使氢氧化钠消耗量大于加入的盐酸量。遇此情况并不影响分析，按公式进行计算，例如移取四洗底流 0.5 mL，加 0.3226 mol·L^{-1} 盐酸 5 mL，回滴 0.3226 mol·L^{-1} 氢氧化钠 5.15 mL，耗 0.03227 mol·L^{-1} 硝酸锌 13.9 mL，代入全碱计算公式：

$$S_{Na_2O_T}=[（5-5.15）\times 10+13.9]/10=12.4（g·L^{-1}）$$

⑧ 加入酚酞指示剂的量应严格控制，由于溶液中加入酚酞时，酚酞在酸性溶液中溶解度很小，形成许多微小颗粒的沉淀，相当于往溶液中加入很多结晶种子，从而加速乙二胺四乙酸的析出。在这种情况下，加入铝酸钠试样后会生成大量的氢氧化铝沉淀，就会使全碱、氧化铝的结果偏低。

⑨ 二甲酚橙指示剂配成溶液后，使用时间不能过长。

⑩ 为了快速获得分析结果，本探讨采用在热的溶液中用硝酸锌回滴过量的 EDTA，但若溶液温度过高，则 Al-EDTA 络合物的稳定性降低，而且溶液中将产生如下反应：

$$Zn^{2+}+AlY^- \rightleftharpoons Al^{3+}+ZnY^{2-}$$

即达到终点时，过量的锌盐能使 Al-EDTA 络合物中的铝游离出来，从而封闭指示剂，使终点不明显。滴定全碱时，应注意温度控制，温度过高全碱结果偏高，反之温度过低全碱结果偏低。

⑪ 试剂的加入量要适当，并能满足分析需要。否则，将出现如下几种情况：

a. 盐酸加入量不足，而使溶液中的 Na_2CO_3 分解不完全，使全碱结果偏低。

b. 盐酸的加入量低于全碱的消耗量，但由于 EDTA 过量较多，氢氧化钠回滴终点正常，导致结果不正确。

c.EDTA 加入量严重不足，使一部分铝元素不能完全络合，在氢氧化钠回滴后，溶液浑浊［部分 Al（OH）₃析出］。此时补加 EDTA 很难在加热后被溶解，遇此情况，应重新取样分析。

⑫ 配制盐酸等溶液时，选择 $0.3226\,mol\cdot L^{-1}$ 的原因是为了计算方便，例如在计算碱（Na_2O）的浓度时：$1\times10^{-3}\times0.3226\times31=0.01$（$g\cdot L^{-1}$），在公式中就可以不用出现 0.3226 和 31，直接用 0.01 代替，31 指的是 Na_2O 摩尔质量的 $\dfrac{1}{2}$。

全碱、氧化铝检测含量及其允许误差见表 3-2。

表 3-2　全碱、氧化铝检测含量及其允许误差

成分	含量/（$g\cdot L^{-1}$）	允许误差/（$g\cdot L^{-1}$）
Na_2O_T	<50	±1.0
	50~100	±1.5
	>100~200	±2.0
	>200	±2.5
Al_2O_3	<100	±1.0
	100~200	±2.0
	>200	±2.5

四、苛性碱的检测

1. 检测步骤

在 300 mL 的锥形瓶中，加入 10%水杨酸钠（掩蔽铝）溶液 10 mL，用干燥移液管移取 10.00 mL 制备好的分析溶液（相当于铝酸钠溶液原液 0.5 mL，记作 V_0）于上述锥形瓶中，加 5%的氯化钡溶液 60 mL（使有干扰的阴离子如 CO_3^{2-}、PO_4^{3-}、BO_4^{-}、VO_4^{3-}、SO_4^{2-}等生成沉淀），加入

1+1 绿光-酚酞指示剂 1 mL，用 0.3226 mol·L^{-1} 盐酸标准溶液滴定至灰绿色即为终点（在此酸度条件下，氢氧化铝完全沉淀，而生成的碳酸钡又不溶解），记下消耗的体积 V_1。

分析结果按下式计算：

$$S_{\mathrm{Na_2O_K}} = \frac{0.01 \times V_1}{V_0} \times 1000 = \frac{10V_1}{V_0} = 20V_1$$

式中　$S_{\mathrm{Na_2O_K}}$——试样中苛性碱的含量，g·L^{-1}；

V_1——滴定时所消耗的盐酸标准液量，mL；

V_0——移取试样相当于铝酸钠溶液原液的量，本式中为 0.5，mL；

0.01——1 mL 0.3226 mol·L^{-1} 的盐酸相当于 Na$_2$O 的量，g·mL^{-1}。

其反应如下：

$$Na_2CO_3 + BaCl_2 = BaCO_3\downarrow + 2NaCl$$
$$Na_2SO_4 + BaCl_2 = BaSO_4\downarrow + 2NaCl$$
$$Al^{3+} + 3C_7H_5O_3^- = Al(C_7H_5O_3)_3$$
$$NaOH + HCl = NaCl + H_2O$$
$$NaAlO_2 + HCl + H_2O = NaCl + Al(OH)_3\downarrow$$

2. 准确性探讨

① 在用盐酸滴定铝酸钠溶液中的苛性碱时，溶液中存在的其他碱性物质，如 Na$_2$CO$_3$、Na$_2$S、Na$_2$SiO$_3$、NaBO$_2$ 等也同时被滴定。而且在采用绿光-酚酞混合指示剂时，铝酸钠溶液中的 Al(OH)$_4^-$ 在滴定过程中水解生成 Al(OH)$_3$ 胶体（胶粒带正电），对阴离子和指示剂均有吸附作用，使滴定终点对溶液中 Al$_2$O$_3$ 含量的增大不敏锐，并使结果偏高许多。

因此，在滴定前必须消除以上干扰，即加氯化钡使干扰的阴离子沉淀，加水杨酸钠掩蔽溶液中的 Al^{3+}。常用的掩蔽剂有酒石酸钾钠、水杨酸钠、磺基水杨酸钠等，它们与 Al^{3+} 络合时并没有 H^+ 或 OH^- 的释出，而且都有明显的滴定终点。

> 注：用水杨酸钠作掩蔽剂时，在滴定中虽没有氢氧化铝胶体生成，但仍然会有铝-水杨酸-钡盐的沉淀生成（如果采用磺基水杨酸钠代替水杨酸钠则无沉淀生成），但不影响测定值。

② 铝酸钠溶液中的硅酸钠（以 SiO_2 计）对苛性碱的测定会带来一定的影响，在二氧化硅含量较低时，可以忽略，不予考虑。但对于某些铝酸钠溶液，二氧化硅的含量高达 $5\,g\cdot L^{-1}$ 左右，当加入氯化钡和水杨酸钠后，会产生较复杂的反应，使苛性碱的测定结果偏低。二氧化硅含量越高，苛性碱的结果偏低也越多。

同时，对于高含量二氧化硅进行苛性碱测定时，加入氯化钡和水杨酸钠的顺序，也会对苛性碱的测定产生一定的影响。正确的操作是：取一定体积的试样，先加水杨酸钠，后加氯化钡溶液，可使测定误差相对减小。

为了获得较正确的结果，可通过试验求得的经验系数进行修正。

> 注：试验表明，当铝酸钠溶液中的 SiO_2 含量在 $4\sim6\,g\cdot L^{-1}$ 时，苛性碱的结果需要加上一个修正值，即 0.2 倍 SiO_2 的含量。
> 若先加氯化钡再加水杨酸钠时，苛性碱的结果需加上 $0.38\times S_{SiO_2}$（$g\cdot L^{-1}$）。

③ 试样加好后放置时间不能过长，否则溶液易水解，与空气中 CO_2 反应：

$$2NaOH+CO_2+Ba^{2+}\!\!=\!\!=\!\!BaCO_3\downarrow+2Na^++H_2O$$

④ 生产技术指标要求：

精液 Na_2O_K 浓度：$165\sim175\,g\cdot L^{-1}$；

精液 a_k：$1.45\sim1.50$；

溶出液 a_k：1.40～1.45；

原矿浆循环碱液 N_K：（240±5）g·L^{-1}；

$$a_k \geqslant 2.90；$$

溶出赤泥：铝硅比 $A/S \leqslant 1.25$；

循环母液 Na_2O_K：235～245 g·L^{-1}。

⑤ 苛性碱检测含量及其允许误差见表3-3。

表 3-3　苛性碱检测含量及其允许误差

苛性碱含量/（g·L^{-1}）	允许误差/（g·L^{-1}）
<50	±1.0
50~100	±1.5
100~200	±2.0
>200	±2.5

五、差减计算法求碳酸碱的含量

计算式如下：

$$S_{Na_2O_C} = S_{Na_2O_T} - S_{Na_2O_K}$$

式中，$S_{Na_2O_C}$、$S_{Na_2O_T}$、$S_{Na_2O_K}$ 分别代表碳酸碱、全碱和苛性碱的含量，单位为 g·L^{-1}。

通常认为苛性钠、铝酸钠和碳酸钠是铝酸钠溶液中最主要的成分，但是在某些铝酸钠溶液中一些其他的碱性物质，如 Na_2SiO_3、$NaBO_2$ 等，也会达到相当的含量。因此上式只是一个近似的公式，所以用差减法求得碳酸碱的结果也是近似结果。因此在要求准确的测定值时，应对碳酸碱进行直接测定。

六、比色法测定二氧化硅

1. 检测原理

在铝酸钠溶液中，二氧化硅以硅酸钠的状态存在。当试样加入盐酸酸化时，溶液中的正硅酸盐、硅酸钠转化为分子分散状态的正硅酸，在 $0.1\sim0.2\,mol\cdot L^{-1}$ 的酸度下与钼酸铵作用生成硅钼黄，加亚铁盐硫酸-草酸-硫酸亚铁铵混合液使硅钼黄还原为硅钼蓝，进行比色。

酸化反应：

$$NaAl(OH)_4+4HCl=\!=\!=NaCl+AlCl_3+4H_2O$$

$$NaOH+HCl=\!=\!=NaCl+H_2O$$

$$Na_2CO_3+2HCl=\!=\!=2NaCl+H_2O+CO_2\uparrow$$

$$Na_2SiO_3+2HCl+H_2O=\!=\!=2NaCl+H_4SiO_4$$

生成硅钼黄的反应：

$$H_4SiO_4+12H_2MoO_4=\!=\!=H_8[Si(Mo_2O_7)_6]+10H_2O$$

还原为硅钼蓝的反应：

$$H_8\left[Si(Mo_2O_7)_6\right]+4FeSO_4+2H_2SO_4=\!=\!=$$

$$H_8\left[Si\!\!\left\langle\!\!\begin{array}{c}Mo_2O_5\\(Mo_2O_7)_5\end{array}\!\!\right.\right]+2Fe_2(SO_4)_3+2H_2O$$

2. 具体操作

① 用干燥移液管移取制备好的试样溶液 10.00 mL（相当于铝酸钠溶液原液 0.5 mL，若吸光度大于 0.800 时，应取 5 mL 制备后的试样），于已加有 50 mL 水的 100 mL 容量瓶中摇匀；加 3 mol·L^{-1} 的 HCl 溶液，添加量见表 3-4，加 10%钼酸铵溶液 4 mL，摇匀。发色一定时间（室温 15～20 ℃，放置 15～20 min；20～30 ℃时，放置 10～15 min；30～40 ℃时，放置 5～10 min），加 20 mL 盐酸-草酸-硫酸亚铁铵混合液，用

水稀释至刻度混匀。试样分析的同时做空白实验，即在 100 mL 容量瓶中加水 50 mL，加 3 mol · L^{-1} 的 HCl 溶液 3 mL，加 10%钼酸铵溶液 4 mL 发色。

表 3-4　盐酸添加量

试样	加 3 mol · L^{-1} HCl 溶液的量
稀释矿浆原液 0.5 mL	6 mL
稀释矿浆出料口原液 0.5 mL	6 mL
精液 0.5 mL	6 mL

② 采用 1 cm 的比色皿，在比色计波长 680 nm 处，以水作参比对溶液进行比色；测得试样的吸光度减去空白的吸光度，代入曲线方程即得二氧化硅的含量。

3. 标准曲线的绘制

移取二氧化硅标准溶液（50 mg · L^{-1}）0.00 mL、1.00 mL、3.00 mL、5.00 mL、7.00 mL、9.00 mL 于 100 mL 容量瓶中，准确加水使体积为 63 mL，加 3 mol · L^{-1} 的盐酸 3 mL，加 10%钼酸铵 4 mL，摇匀。发色一定时间（室温 15～25 ℃时发色 15 min，20～35 ℃时发色 20 min，35～45 ℃时发色 25 min），加硫酸-草酸-硫酸亚铁铵混合液 20 mL，用水稀释至刻度混匀，进行比色。测得的溶液吸光度减去空白吸光度，与相对应的二氧化硅含量绘制成标准曲线。

4. 准确性探讨

① 要严格控制硅钼黄的发色时间，否则结果将偏低；

② 加水体积必须按量加入，否则影响发色酸度，使结果偏低；

③ 硫酸-草酸-硫酸亚铁铵混合液不能使用太久，一般两星期为宜，否则因部分亚铁离子被氧化为三价铁离子导致还原能力降低，使结果偏低；

④ 比色前 30 min，应将比色计电源打开，预热，以使其稳定；

⑤ 加入盐酸后必须振荡，否则因 $Al(OH)_3$ 没有完全溶解而使溶液浑浊，使结果偏高；

⑥ 所使用的容量瓶必须保持清洁，防止脏水污染；

⑦ 要严格注意空白吸光度的变化，更换水和试剂时必须重新做空白实验；

⑧ 更换灯泡或比色皿时，要重新校正曲线。测定范围：$0.1 \sim 2$ g·L^{-1}。

比色法测定二氧化硅的允许误差见表 3-5。

表 3-5　比色法测定二氧化硅的允许误差

成分	含量/（g·L^{-1})	允许误差/（g·L^{-1})
	<0.5	±0.020
SiO_2	0.5~1.0	±0.030
	>1.0	±0.050

七、三氧化二铁的检测

铝酸钠溶液中的铁元素存在着两种形态，一种是少部分的分布均匀的胶体 $Fe(OH)_3$ 浮游物，另一种是由被浓度 OH^- 溶解的铁。

本方法适用于铝酸钠溶液中三氧化二铁的测定，测定范围：$0.001 \sim 0.02$ g·L^{-1}。

1. 分析原理

试样经酸化后，在微酸性溶液中，Fe^{3+} 被盐酸羟胺还原为 Fe^{2+}，Fe^{2+} 与邻二氮菲生成红色络合物，进行比色测定。其反应如下：

$$NaFe(OH)_4 + 4HCl == NaCl + FeCl_3 + 4H_2O$$

$$4FeCl_3 + 2NH_2OH \cdot HCl == 4FeCl_2 + N_2O + H_2O + 6HCl$$

$$FeCl_2 + 3C_{12}H_8N_2 == [Fe(C_{12}H_8N_2)_3]Cl_2$$

2. 分析步骤

用移液管移取 5.00 mL 铝酸钠溶液于 250 mL 锥形瓶中，移液管移取 20.00 mL 水加入锥形瓶中，在振荡的情况下，加入 3 mol·L^{-1} 盐酸 25 mL，溶液澄清后，加 40 mL 邻二氮菲-盐酸羟胺-醋酸-醋酸钠混合液，摇匀。在分光光度计上，于 500 nm 波长处，以水作参比进行吸光度测定。

进行试样分析的同时做空白试验。即在 250 mL 锥形瓶中，加 50 mL 水，加 40 mL 混合发色液，测其吸光度。

测得试液的吸光度减去空白吸光度，查三氧化二铁吸光度-含量曲线，求得三氧化二铁的含量。

> 注：当铝酸钠溶液中 Na_2O_T 和 Al_2O_3 的含量较高时，可通过计算适当增加盐酸的加入量，并确保标准曲线绘制的条件与试样分析一致。

3. 标准曲线的绘制

取 6 个 250 mL 锥形瓶，分别加入 0.025 mg·mL^{-1} 三氧化二铁标准溶液 0.00 mL、1.00 mL、3.00 mL、5.00 mL、7.00 mL、9.00 mL，加水调整体积为 50 mL，摇匀。加 40 mL 混合还原发色液，摇匀。按试样操作步骤测其溶液的吸光度，溶液吸光度减去空白吸光度后与其对应的三氧化二铁含量绘制标准曲线，同前图 2-13。

当取原液 5 mL 时，上述三氧化二铁标准液的加入量，分别相当于试样中三氧化二铁的含量为：0 g·L^{-1}、0.005 g·L^{-1}、0.015 g·L^{-1}、0.025 g·L^{-1}、0.045 g·L^{-1}。

4. 准确性探讨

① 铝酸钠溶液中三氧化二铁的测定，通常采用硫氰酸盐光度法。但是由于溶液中含有一定的硫化物，在用高硫酸铵将 Fe^{2+} 氧化为 Fe^{3+} 时，往往有单质硫的析出使溶液浑浊，而且该方法的不稳定因素较多，局限性较大，故此处采用邻二氮菲光度法测定三氧化二铁的含量。

Fe^{2+}与邻二氮菲生成络合物的酸度等内容，见铝矿石 Fe_2O_3 分析方法说明。

② 为了便于试样酸化时能使 $Al(OH)_3$ 沉淀尽快彻底溶解，故采用锥形瓶作为测定的容器，以便能强烈地振荡。但是必须严格控制发色体积，即加入的水与试剂量要准确。

③ 因发色后的溶液易污染比色皿，所以要不定时地及时清洗。而且作参比的水比色皿与试样比色皿要固定使用。

④ 注意弹簧止水夹因腐蚀可能给空白试样带来污染。

铁含量的高低，影响铝酸钠溶液的颜色、浮游物的多少以及系统结垢程度。当然，引起系统结垢的还有另一个重要因素，即系统有机物的含量。关于系统有机物的去除，详见本章第七节"高锰酸钾氧化法去除拜耳法生产系统中有机物的研究"。

八、重量法测定硫酸根

1. 测定原理

铝酸钠溶液中的硫主要以 S^{2-} 或 SO_4^{2-} 形式存在。在碱性溶液中，S^{2-} 能氧化为各种价态的硫化物，如 SO_3^{2-}、SO_4^{2-}、$S_2O_3^{2-}$。本方法采用重量法测定铝酸钠溶液中硫酸根的含量。试样用盐酸酸化，加热至沸腾使 $S_2O_3^{2-}$ 完全分解，加入 $BaCl_2$ 使之生成 $BaSO_4$ 沉淀，将此沉淀经过滤、洗涤，然后灼烧称重。

其反应如下：

$$Na_2S+2HCl{=\!=\!=}2NaCl+H_2S\uparrow$$
$$Na_2SO_3+2HCl{=\!=\!=}2NaCl+H_2O+SO_2\uparrow$$
$$Na_2S_2O_3+2HCl{=\!=\!=}2NaCl+H_2O+S+SO_2\uparrow$$
$$Na_2SO_4+BaCl_2{=\!=\!=}2NaCl+BaSO_4\downarrow$$

2. 分析步骤

用干燥移液管移取 10.00 mL 铝酸钠分析溶液于 300 mL 烧杯中，加入 150 mL 沸水，再加入 20 mL 浓盐酸，立即将烧杯置于电热板或电炉上加热至沸腾。在不断地搅拌下，缓慢地加入 10%的氯化钡溶液 20 mL，然后静置 2 h。用慢速定量致密滤纸过滤，用热水洗涤至无氯离子（滤液用硝酸银溶液检测）。将滤纸及沉淀放入已知质量的瓷坩埚中，在电炉上低温灰化，然后放入马弗炉中在 800 ℃灼烧 30 min，放入干燥器中冷却，然后用电子分析天平称量。代入公式计算：

$$S_{SO_4^{2-}} = 0.4117 \times W/G \times 1000$$

式中　$S_{SO_4^{2-}}$——硫酸根的含量，$g \cdot L^{-1}$；

$\quad\quad$ W——灼烧后的硫酸钡质量，g；

$\quad\quad$ G——移取样品量，mL；

$\quad\quad$ 0.4117——硫酸钡换算成硫酸根的换算系数。

3. 准确性探讨

① 测定时所加的热水温度要高；

② 加入硫酸后，应尽快在电炉上加热煮沸；

③ 加浓盐酸、煮沸以及加氯化钡的操作在通风橱中进行。

九、重量法测定全硫

在一定的酸度下，用过氧化氢将各种状态下的硫转化成为硫酸根的形式，然后加入氯化钡溶液使之产生硫酸钡沉淀。将沉淀在低温下灰化，灼烧称量，根据硫酸钡的质量，换算为全硫的质量。具体操作为：

用移液管准确移取 10.00 mL 铝酸钠分析溶液于 300 mL 烧杯中，加入沸水 50 mL，加入 30%的过氧化氢 1 mL，煮沸溶液至澄清。待溶液冷却后加 0.1%的甲基橙指示剂，用 1+1 的盐酸中和溶液使其呈红色，再过量 9 mL。将溶液体积稀释至 250 mL 并煮沸 2～3 min，在搅拌下慢慢加入 5% 的氯化钡溶液 50 mL，在电炉土煮沸，然后静置 4～5 h。用慢速定量致密滤纸过滤，用热水（50～60 ℃）洗涤沉淀至无氯离子（滤液用硝酸银溶液检测），将滤纸及沉淀物放入已知质量并且恒重过的瓷坩埚中，在电炉上低温灰化，然后放入马弗炉中，在 800 ℃灼烧 30 min 后，取出，放入干燥器中冷却。用电子分析天平进行称量，记录读数为 W，计算公式为：

$$S_{全硫}=W \times 0.1371/10 \times 1000$$

式中 $S_{全硫}$——全硫的含量，$g \cdot L^{-1}$；

W——试样灼烧后的质量，g；

0.1371——硫酸钡对硫的换算因素；

10——所取试样的体积，mL。

准确性探讨：

① 灰化时，温度不要太高，以免带走硫酸钡沉淀；

② 滤纸要用定量致密滤纸；

③ 沉淀要洗涤干净。

十、三氧化二镓的检测

1. 检测原理

铝土矿中镓的含量一般在 10～60 ppm（1 ppm=1×10⁻⁶），其中三分之二进入流程循环液中。

罗丹明 B 亦称蔷薇红 B 和玫瑰精 B，在盐酸酸性溶液中能与镓氯酸盐生成红色的镓氯酸盐-罗丹明 B 络合物，此络合物可被多种有机溶剂萃取。使用苯-乙酸乙酯混合萃取液，在 6 mol · L⁻¹ 盐酸溶液中萃取镓氯酸盐-罗丹明 B 络合物，其萃取率可大于 99.5%，萃取后的有机层可在 562 nm 波长处测其吸光度。

萃取时，溶液中的 Fe^{3+} 也能与罗丹明 B 反应生成有色络合物，干扰测定。可加入三氯化钛将 Fe^{3+} 还原为 Fe^{2+} 而消除。但溶液中不应有硝酸根等氧化剂存在。有时三氯化钛的空白值较高，应用乙醚萃取提纯。即量取与三氯化钛等体积的乙醚（已处理过的不含过氧醚的），于分液漏斗中萃取分离 3~5 次，每次振荡 1 min。空白值应在 0.00~0.02 吸光度范围内。

2. **具体操作**

① 用干燥移液管准确移取 5.00 mL 铝酸钠溶液，置于 100 mL 容量瓶中，滴加浓盐酸至氢氧化铝完全溶解后，再过量 20 mL，用 6 mol·L^{-1} 盐酸定容，混匀。

② 分取上述溶液 5.00 mL 于 50 mL 容量瓶中加入 6 mol·L^{-1} 盐酸溶液稀释至刻度。

③ 分取上述溶液 2.00 mL 于干燥的分液漏斗中，加入 15%的三氯化钛溶液 0.25 mL，使溶液呈紫色。

④ 放置 10 min 后加入 0.25%的丁基罗丹明 B 溶液 1.5 mL 和 10 mL 苯-乙酸乙酯（3+1）混合液，振荡萃取 5 min，静置分层后，弃去水相，将有机相移入 10 mL 带塞的干燥比色管内，在波长 555nm 处，用 1 cm 比色皿测量其吸光度。对照标准曲线，计算含量，计算公式如下：

$$S_{Ga_2O_3} = \frac{G}{V}$$

式中　　$S_{Ga_2O_3}$——三氧化二镓的含量，mg·L^{-1}；

　　　　G——标准曲线上查出的氧化镓的量，mg；

　　　　V——取原液的体积，L。

3. **标准曲线的绘制**

取 1 mL 含 2 μg 的氧化镓标准溶液 0.00 mL、1.00 mL、2.00 mL、3.00 mL、4.00 mL、5.00 mL 于干燥的分液漏斗中，加入 6 mol·L^{-1} 盐酸使总体积为 10 mL，加入 15%的三氯化钛溶液 0.25 mL。其余操作步骤同上，并绘制标准曲线。

第四节　铝酸钠浆液温度对分析结果的影响研究

分析用铝酸钠浆液在从取样点到化验室的过程中，因为气温变化，导致分析浆液温度不同。为了弄清浆液温度变化对分析结果的影响，进行了温度和分析结果的研究，结果见表3-6。

表 3-6　温度对母液分析结果的影响

样品名称	温度/℃	全碱/（g·L⁻¹）	氧化铝/（g·L⁻¹）	苛性碱/（g·L⁻¹）	α_k
母液①	76	239.50	122.86	229.00	3.07
	40	256.80	128.94	241.00	3.05
	20	258.30	129.77	242.00	3.07
母液②	78	244.70	122.53	229.00	3.07
	48	254.90	127.14	240.00	3.11
	34	256.20	128.29	240.00	3.08
母液③	76	255.30	126.48	242.00	3.15
	58	258.00	128.62	249.00	3.18
	26	264.2	128.29	252.00	3.23
母液④	60	254.60	134.21	247.00	
	33	261.80	138.16	253.60	
母液⑤	55	249.04	134.47	242.00	
	20	255.00	136.84	248.00	
母液⑥	58	254.20	141.45	247.00	
	38	260.20	143.76	254.00	
母液⑦	50	246.80	135.52	241.00	
	22	252.60	138.14	246.50	
母液⑧	56	246.40	137.08	240.00	
	20	251.78	138.81	246.00	

从表 3-6 可以看出，铝酸钠浆液样品的分析结果会因温度的不同而发生变化。温度越高分析结果越低。温度差越大，结果变化越明显。表3-7 也给出了同样的规律，对于氧化铝含量高的铝酸钠溶液，在低于28 ℃下放置一段时间后，稀释样品时，稀释好的样品为浑浊样品，结果更不靠谱。

表 3-7　温度对分离溢流和稀释后的影响

样品名称	温度/℃	全碱/（g·L⁻¹）	氧化铝/（g·L⁻¹）	苛性碱/（g·L⁻¹）	备注
分离溢流①	63	177.00	186.84	169.40	
	25	183.50	193.26	174.00	低温稀释后的样品浑浊
分离溢流②	54	177.60	190.79	170.40	
	40	180.00	195.23	174.00	
分离溢流③	50	175.30	190.28	170.00	
	40	178.16	191.51	171.60	
稀释后①	52	179.00	193.42	171.40	
	22	184.62	195.36	176.00	低温稀释后的样品浑浊
稀释后②	44	177.00	189.14	172.00	
	30	179.00	192.07	174.00	
稀释后③	58	175.00	191.12	167.00	
	42	180.80	195.98	176.00	

一般带料的铝酸钠浆液样品（溶出、稀释后、原矿、调矿）取回经过滤后分析时，样品温度会低于 50 ℃，温度大致在 40～48 ℃，但是保温杯中不带料的铝酸钠样品（分离溢流、母液、精液）取回过滤分析时，样品温度在 60～68 ℃，应在常温下放置 2 min 左右，使温度为 40～48 ℃，这样就统一了所有料浆温度，使结果稳定、科学合理。

第五节 生产用水的检测

一、生产用水中含碱量的测定

氧化铝生产用水是地下水经过热电车间的净化,净化后纯水在生产过程中作为洗水,或生产过程中可能混入铝酸钠溶液的水,在总碱量测定时,必须考虑水的碱量的影响。

用干燥移液管准确移取 10.00 mL 水样,置于 500 mL 锥形瓶中,用约 100 mL 的水稀释,加 1 g·L^{-1} 的甲基红指示剂 4 滴,以 0.3226 mol·L^{-1} 盐酸标准溶液滴定至溶液呈红色,即为终点,记录消耗盐酸的体积 V,单位为 mL。代入公式计算:

$$S_{Na_2O}=V\times0.01/10\times1000=V$$

式中 S_{Na_2O}——生产用水中的含碱量,g·L^{-1};

V——消耗 0.3226 mol·L^{-1} 盐酸标液的体积,mL;

0.01——1 mL 0.3226 mol·L^{-1} 盐酸标液相当于 Na_2O 的质量,g·mL^{-1};

10——所取试样的体积,mL。

准确性探讨:

① 生产用水含碱量超过 5 g·L^{-1} 时,需要测全碱、氧化铝和苛性碱的含量;

② 滴定管读数记录要保留小数点后两位,第二位是估读。

二、蒸发器冷凝水中碱度的测定

水中碱度是指水中含有能接受质子(H^+)的物质的量,单位为 mmol·L^{-1}。具体操作为:用干燥移液管准确移取 100.00 mL 水样,置于 500 mL 锥形瓶中，加 4 滴 0.1％的甲基橙水溶液指示剂，用 0.05 mol·L^{-1}硫酸标准溶液滴定至溶液呈橙色，即为终点，记录消耗硫酸标准溶液的体积为 V，单位为 mL。代入公式计算：

$$S_{碱度}=0.1×V/100×1000=V$$

式中　$S_{碱度}$——水中的碱度，mmol·L^{-1}；

V——消耗硫酸标准溶液的体积，mL；

0.1——硫酸中氢离子的浓度，mol·L^{-1}；

100——所取试样的体积，mL。

准确性探讨：

① 应该及时取样尽早测定，否则由于大气压的作用使得水中溶解的二氧化碳发生变化，从而使碱度发生变化。

② 在氧化铝生产热电车间出来的废水，即电厂反渗透浓盐水，尽管经过软化处理后，Ca^{2+}、Mg^{2+}浓度达到最低，远远低于生活用水，SiO_2的浓度也明显降低，影响浓盐水回收利用的主要因素已经去除，但 SO_4^{2-}、Cl^-的浓度几乎没有变化。但是，软化后的水质偏碱性，碱性环境可抑制 SO_4^{2-} 和 Cl^- 对管道的腐蚀，为节约水资源，可以考虑作为生产循环用水。

三、工业用水总硬度的测定

硬度的表示方法通常用度（°）来表示，即 1 L 水中含有钙、镁盐的总量相当于 10 mg 氧化钙时为 1 度。

按硬度的大小可将水分为：

0°～4°（总硬度）　　　　极软水

4°～8°　　　　　　　　　软水

8°～16°　　　　　　　　稍硬水

16°～30°　　　　　　　硬水

30°以上　　　　　　　极硬水

酒石酸钾钠+三乙醇胺可掩蔽水溶液中的铁、铝、钛离子，在 pH=10 时，用 PAR 作指示剂，以 EDTA 络合滴定法测定水中钙和镁的总量以求得总硬度。

用移液管移取 100.00 mL 水样于锥形瓶中，加入 25 mL（用量筒量取）酒石酸钾钠+三乙醇胺（8%+10%），加入 2 滴 0.05 g·mL^{-1} 溴麝香草酚蓝（溴百里香酚蓝）指示剂，用 1+1 盐酸滴至黄色。然后用量筒加入 pH=10 氨性缓冲液 10 mL，再加入 EDTA+CuSO$_4$+NH$_4$OH（每升水中各物质加入量为 3.75 g+2.5 g+5 mL）混合液 1 mL，加入 2 滴 0.01 g·L^{-1} 的 PAR 指示剂，用 0.0100 mol·L^{-1} EDTA 标准液滴定，溶液由蓝色变紫红色为终点（硬度低，需考虑试剂空白；硬度很低则应使用锅炉水硬度分析方法）。记录消耗 EDTA 的体积 V，mL。按下面公式计算：

$$总硬度（mg·L^{-1}）=\frac{V×0.56}{100}×1000=5.6V$$

式中　V——消耗 0.0100 mol·L^{-1} EDTA 标准溶液的体积，mL；

0.56——每毫升 0.3226 mol·L^{-1} EDTA 相当于 CaO 的质量，g·mL^{-1}；

100——所取试样的体积，mL。

第六节　氧化铝生产中废水处理研究

一、研究背景

氧化铝生产中使用的水是采用超滤和反渗透处理过的高纯水，这种水处理装置（图 3-6）排放的废水（浓盐水）水量较大，这部分水由于含盐量很高，在管道上很易结垢，无法利用。本研究提出较为经济的软化方法可去除浓盐水中易结垢的钙、镁离子，即石灰纯碱软化法。经软化处理后的水可应用于工业生产，减少生产过程中新水的补充量。

（a）反渗透处理装置

（b）过滤装置　　　　　　　（c）超滤装置

（d）离子交换系统

图3-6　热电反渗透水处理装置

二、原理及方法

1. 反应原理

原水硬度高而碱度较低（见表3-8），故用石灰处理去除碳酸盐硬度，纯碱去除非碳酸盐硬度，反应式如下：

$$Na_2CO_3+CaSO_4 =\!\!=\!\!= CaCO_3\downarrow+Na_2SO_4$$

$$Na_2CO_3+CaCl_2 =\!\!=\!\!= CaCO_3\downarrow+2NaCl$$

$$Ca(OH)_2+Ca(HCO_3)_2 =\!\!=\!\!= 2CaCO_3\downarrow+2H_2O$$

$$2Ca(OH)_2+Mg(HCO_3)_2 =\!\!=\!\!= 2CaCO_3\downarrow+Mg(OH)_2\downarrow+2H_2O$$

表 3-8　软化效果比较

水样	CaO含量/(mg·L^{-1})	MgO含量/(mg·L^{-1})	SiO$_2$含量/(mg·L^{-1})	Na$_2$O含量/(mg·L^{-1})	Cl$^-$含量/(mg·L^{-1})	SO$_4^{2-}$含量/(mg·L^{-1})	pH	碱度/(mmol·L^{-1})	浊度NTU
原水	164.64	64.4	490	65	480	200	7.44	4.8	3.8
浓盐水	419.4	174.8	640	140	1050	530	8.18	12.5	0.2
软化水	10.08	3.6	230	205	1030	520	10.8	8.9	2.1

2. 软化方法

取 4500 mL 水样，加入纯碱 3.6 g，石灰乳（CaO$_f$ 含量为 215.9 g·L^{-1}）13.5 mL，相当于纯碱的用量为 0.8 g·L^{-1}，石灰乳用量为 3 mL·L^{-1}。在转速是 300 r·min^{-1} 的搅拌下搅拌 30 min 后，抽取 800 mL 反应物，其中一半过滤，取清液检测；考虑到 CaCO$_3$ 和 Mg（OH）$_2$ 的溶解度随着温度的升高而降低，所以另一半加热到 100 ℃，过滤取清液检测。用同样的方法进行反应时间为 60 min、90 min、120 min、150 min、180 min 的 Ca^{2+}、Mg^{2+} 含量考察。

3. 沉降性能研究方法

向反应悬浊液体系中加入絮凝剂，马上生成大量絮状物，从出现界面开始考察时间和沉淀高度的关系。

三、结果与讨论

1. 反应温度的选择

温度对结果有很大影响，见图 3-7 和图 3-8。

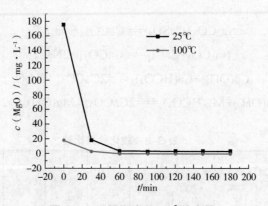

图 3-7　不同温度下 Mg^{2+}的含量

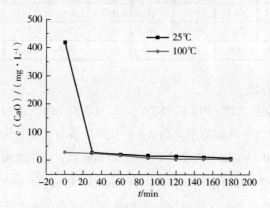

图 3-8　不同温度下 Ca^{2+}的含量

从图 3-7、图 3-8 可以看出，温度高达 100 ℃时，Mg^{2+}、Ca^{2+}的含量明显低于常温，所以，高温对反应有利。

2. 反应时间的选择

从图 3-7、图 3-8 可以看出，前 30 min 反应速率很快，60 min 后反应趋于平稳，反应基本结束。

3. 难溶物的沉降性能

絮状物加絮凝剂，沉降效果显著，如图 3-9。

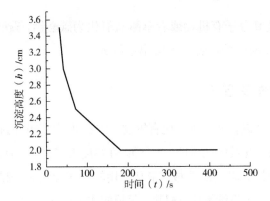

图 3-9 软化生成悬浊液的沉降性能

从图可知，絮凝剂加入 3 min 时沉淀已经基本完成，等基本沉降完成后，清液浊度甚至低于原水浊度（见表 3-8）。

从表 3-8 还可知，软化水中 Ca^{2+}、Mg^{2+} 浓度达到最低，远远低于原水，SiO_2 的浓度也明显降低，影响浓盐水回收利用的主要因素已经去除，SO_4^{2-}、Cl^- 的浓度几乎没有变化，但软化后的水质偏碱性，碱性环境可抑制 SO_4^{2-} 和 Cl^- 对管道的腐蚀。

第七节　铝酸钠浆液中有机物的去除研究

一、研究背景

由于生产过程中絮凝剂的加入以及铝土矿本身含有的有机物，这些有机物的积累，给生产带来一系列负面效应，比如使得溶液的黏度增大，加大泵的损耗，降低了经济效益，加速了生产系统的结垢速度，给设备清洗和维护带来麻烦等。本研究采取高锰酸钾氧化法去除有机物，即在氧化铝生产过程中，向料浆中加入氧化剂高锰酸钾，在高温高压条件下溶出矿浆,使高分子有机物或者草酸盐氧化为碳酸钠。碳酸钠和系统中的钙反应生成的碳酸钙随赤泥排出系统外。

二、原理及方法

高锰酸钾在碱性条件下氧化有机物,本身被还原为锰酸钾和随赤泥外排的二氧化锰,见反应式(1)~(5);在温度大于190 ℃时,生成的锰酸钾不稳定,发生分解反应,生成起氧化作用的 O_2 和随赤泥外排的二氧化锰,见反应式(7),O_2 继续氧化有机物,见反应式(8)~(12);而且,生成的锰酸钾遇酸不稳定,即便是二氧化碳所具有的酸性,也能使六价锰完全歧化,如反应式(13)所示,因此,高锰酸钾反应的最终产物为二氧化锰。

$$2Na_2C_2O_4+2KMnO_4+4NaOH = 4Na_2CO_3+K_2MnO_4+MnO_2+2H_2O \quad (1)$$
$$2HCO_2Na+2KMnO_4+2NaOH = 2Na_2CO_3+K_2MnO_4+MnO_2+2H_2O \quad (2)$$
$$C_2H_3O_2Na+4KMnO_4+3NaOH = 2Na_2CO_3+2K_2MnO_4+2MnO_2+3H_2O$$
$$\quad (3)$$
$$〔环烷类〕+KMnO_4+NaOH \longrightarrow Na_2CO_3+RCOONa+K_2MnO_4+MnO_2+H_2O$$
$$\quad (4)$$
$$〔甲酚类〕+KMnO_4+NaOH \longrightarrow Na_2CO_3+RCOONa+K_2MnO_4+MnO_2+H_2O$$
$$\quad (5)$$
$$Na_2CO_3+Ca(OH)_2 = CaCO_3+2NaOH \quad (6)$$
$$2K_2MnO_4 = 2MnO_2+O_2\uparrow+2K_2O \quad (7)$$
$$2Na_2C_2O_4+O_2+4NaOH = 4Na_2CO_3+2H_2O \quad (8)$$
$$2HCO_2Na+O_2+2NaOH = 2Na_2CO_3+2H_2O \quad (9)$$
$$C_2H_3O_2Na+2O_2+3NaOH = 2Na_2CO_3+3H_2O \quad (10)$$
$$〔环烷类〕+O_2+NaOH \longrightarrow Na_2CO_3+RCOONa \quad (11)$$
$$〔甲酚类〕+O_2+NaOH \longrightarrow Na_2CO_3+RCOONa \quad (12)$$
$$3K_2MnO_4+2CO_2 \longrightarrow MnO_2+2K_2CO_3+2KMnO_4 \quad (13)$$

实验1：无催化剂下不同高锰酸钾加入量的试验

准备好 5 个高压反应釜，分别取某拜耳法氧化铝厂的调整后矿浆 1 L 加入高压反应釜内，再依次加入 0 g、10 g、20 g、30 g、40 g 高锰酸钾，实验装置示意图见图 3-10。

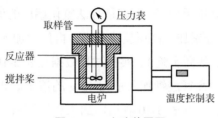

图 3-10　实验装置图

设置好实验所需的温度（模拟生产温度 270 ℃）和搅拌速度（模拟生产转速 270 r·min⁻¹），开始加热。当釜内温度达到设定值时，计时开始并恒温 60 min（模拟生产高压溶出反应时间），同时保持转速不变，有关实验过程数据见表 3-9。60 min 后，停止给高压反应釜加热，通入外循环冷却水给高压反应釜降温，待高压反应釜内压力为 0 时，开釜放出样品。与未加高锰酸钾的溶出反应后矿浆（以下简称溶出矿浆）相比，加入高锰酸钾以后，溶出矿浆颜色发黑，这是由于高锰酸钾的还原产物为二氧化锰所致。且高锰酸钾加入量为 40 g 的溶出矿浆，其上层澄清液略显墨绿色，表明此溶出矿浆存在锰酸钾，这是由于高锰酸钾加入量为 40 g 的反应釜内有多余的 O_2，反应（7）逆向进行所致；同样，反应（13）由于没有 CO_2 来促使多余的锰酸钾歧化，部分锰酸钾的歧化反应无法进行，故上层澄清液略显墨绿色。

表 3-9　不加催化剂且高锰酸钾加入量不同时的实验过程数据

高锰酸钾加入量/（g·L⁻¹）	0	10	20	30	40
270 ℃时釜内压力/MPa	4	4	4	4	5.5

从表 3-9 可以看出,当反应温度达到 270 ℃时,加入 40 g 高锰酸钾的反应釜的压力明显高于其他反应釜的压力,这与有多余的氧气存在有关,表明高锰酸钾的加入量明显过量。

实验 2:加催化剂氧化铜粉末和高锰酸钾的实验

准备好 3 个高压反应釜,取某拜耳法氧化铝厂的调整后矿浆 1 L 和 5 g 氧化铜粉末,分别加入高压反应釜内,再依次加入 20 g、30 g、40 g 高锰酸钾,其他步骤同实验 1,实验过程数据见表 3-10。实验现象和实验 1 中稍有不同,高锰酸钾加入量为 40 g 的溶出矿浆,其上层澄清液的墨绿色明显减淡。从表 3-10 看出,加入氧化铜后,高锰酸钾加入量为 40 g 的釜内压力明显降低,这都与高温高压下,氧化铜复杂的反应有关,亦即锰酸钾在催化剂作用下,与硫等物质发生了氧化还原反应。具体反应有待于下一步研究。

表 3-10 加入催化剂时高锰酸钾加入量不同的实验过程数据

高锰酸钾加入量/$(g \cdot L^{-1})$	20	30	40
不加催化剂 270 ℃时釜内压力/MPa	4	4	5.5
加催化剂 CuO 粉末 270 ℃时釜内压力/MPa	4	4	4.2

实验 3:加催化剂电解铜粉和高锰酸钾的实验

准备好 3 个高压反应釜,取某拜耳法氧化铝厂的调整后矿浆 1 L 和 5 g 电解铜粉,分别加入高压反应釜内,再依次加入 20 g、30 g、40 g 高锰酸钾,其他步骤及实验现象同实验 2。实验过程数据同表 3-10。

三、结果与讨论

上述实验 1、实验 2 和实验 3,待样品降至室温后进行溶出矿浆成分分析,结果见表 3-11、表 3-12。

表 3-11　不加高锰酸钾时溶出矿浆主要成分及含量

成分	N_T /(g·L^{-1})	AO /(g·L^{-1})	N_K /(g·L^{-1})	α_k	固含率 /(g·L^{-1})	水分 /%	有机碳 /(g·L^{-1})
含量	241.50	259.04	233.60	1.48	149.40	55.53	1.23

注：AO 表示氧化铝。

表 3-12　高锰酸钾加入量不同时溶出矿浆中有机碳含量对比

高锰酸钾加入量/g	0	10	20	30	40
不加催化剂有机碳含量/(g·L^{-1})	1.23	0.72	0.52	0.52	0.52
不加催化剂有机碳去除率/%	—	42.20	59.60	59.60	59.60
加入催化剂氧化铜粉末有机碳含量/(g·L^{-1})	—	—	0.32	0.32	0.32
加入催化剂氧化铜粉末有机碳去除率/%	—	—	74.60	74.60	74.60
加入催化剂电解铜粉末有机碳含量/(g·L^{-1})	—	—	0.32	0.32	0.32
加入催化剂电解铜粉末有机碳去除率/%	—	—	74.60	74.60	74.60

从表 3-12 可以看出：

① 高锰酸钾氧化法对拜耳法氧化铝生产中有机物的去除有显著效果，随着高锰酸钾的增加，溶出矿浆中有机碳的含量减少，有机碳的去除率增加。当高锰酸钾的加入量为 10 g·L^{-1} 时，溶出矿浆中有机碳的含量从 1.23 g·L^{-1} 降到 0.72 g·L^{-1}，矿浆中有机碳的去除率达 42.2%，去除不彻底；加入量大于 20 g·L^{-1} 时，溶出矿浆中有机碳的含量从 1.23 g·L^{-1} 降到 0.52 g·L^{-1}，矿浆中有机碳的去除率达 59.6%，之后随着高锰酸钾含量的增加，有机碳的去除率保持不变。

② 随着氧化铜粉末的加入，溶出矿浆中有机碳的去除率从 59.6% 升到 74.6%，溶出矿浆中有机碳的含量从 0.52 g·L^{-1} 降到 0.32 g·L^{-1}。可见，氧化铜对铝酸钠溶液中高锰酸钾氧化有机物的催化效果是很明显的。

③ 高锰酸钾加入量及其他试验条件相同时，用氧化铜粉末和铜粉作催化剂，对有机碳的氧化效果相同，这可能是因为高锰酸钾很容易将电解铜氧化成氧化铜。

加催化剂与不加催化剂的实验对比图见图 3-11。

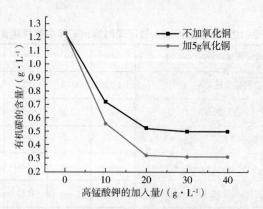

图 3-11　加催化剂与不加催化剂的实验对比图

在拜耳法生产氧化铝的循环系统中，根据有机碳的含量，加入适量的高锰酸钾氧化剂和氧化铜粉末或者铜粉催化剂，用这种高锰酸钾催化氧化法可以有效地去除有机碳。当系统中有机碳含量为 $1.23\,g\cdot L^{-1}$ 时，高锰酸钾的最佳加入量为 $20\,g\cdot L^{-1}$。加入 $5\,g$ 氧化铜粉末或者 $5\,g$ 电解铜粉做催化剂时，氧化效果最好，反应 $1\,h$ 有机碳的去除率就可以达到 74.6%。

生成的二氧化锰没有给系统引入新的杂质，最终二氧化锰随赤泥排出系统外，而且水合二氧化锰有吸附和助凝作用，可以减少絮凝剂的用量；加入的 K^+、类碱性系统中的大量 Na^+，不会对系统造成负面影响，本方案操作简单、方便。

第四章
过程固体物料的分析原理及方法探讨

固相过程物料包括入磨铝土矿、入磨石灰以及原矿浆、调整后矿浆、石灰乳、溶出赤泥、稀释后赤泥及外排赤泥。其中原矿浆、调整后矿浆、溶出赤泥、稀释后赤泥及外排赤泥是这些矿浆进行固含测定后的滤饼，按照铝土矿的分析方法，进行相关成分的测定。分析固相成分，以控制配料及观察高压溶出的情况，从而计算出合理的配碱和配钙比例。

第一节　石灰乳的分析

石灰乳是石灰通过特殊的工艺制得的乳状物料，见图 4-1。用石灰乳代替石灰是因为石灰乳活性高、表面积大，吸附性也大。生产上使用的石灰乳需要考查其固含率和有效钙，下面分别介绍这些指标的检测。

图 4-1　生产用石灰乳 A
（见彩插）

一、固含率

固含率 S 指 1 L 浆液中所含固体的质量，单位为 $g \cdot L^{-1}$。

$$S = \frac{W}{V} \times 1000$$

式中　　S——固含率，$g \cdot L^{-1}$；

　　　　W——固体的质量，g；

　　　　V——浆液的体积，mL。

将取样工取来的石灰乳充分搅拌均匀，迅速用量筒量取 100 mL 浆液于量杯中，在水旋泵上减压过滤，用热水洗涤几遍，同滤纸一起取出，于电热板上低温处烘干，托盘天平称重（减去滤纸的质量）。所得质量代入公式，计算固含率。本方法适用于蒸发、沉降苛化和粗液助滤用石灰乳固含率的测定。

分析结果计算公式为：

$$S = \frac{W \times 1000}{100} = W \times 10$$

$$S = (W_1 - W_2) \times 1000/100 = (W_1 - W_2) \times 10$$

式中　　100——取试样的体积，mL；

　　　　W——烘干后固体的质量，g；

　　　　W_1——烘干后滤饼和滤纸的质量，g；

　　　　W_2——滤纸的质量，g。

准确性探究：

① 量取浆液时一定要搅拌均匀；

② 量取时要准确，固含率的准确度直接关系到有效钙结果的计算；

③ 过滤时不能跑滤；

④ 操作速度尽量快，减少试样与空气中的二氧化碳和水分接触，利于有效钙的分析；

⑤ 在电热板上烘干时，要防止钢碟中的残留物爆出，造成结果偏差；

⑥ 生产用石灰乳固含率要求为 180～200 g·L⁻¹。

二、容量法测定石灰乳中有效氧化钙的含量

蔗糖与氧化钙能生成溶解度大的蔗糖钙，用酚酞作指示剂，用盐酸滴定蔗糖钙的含量，其物质的量等同于氧化钙的物质的量。其主要化学反应如下：

$$C_{12}H_{12}O_{11}+CaO+2H_2O=\!=\!=C_{12}H_{22}O_{11}\cdot CaO\cdot 2H_2O$$

$$C_{12}H_{22}O_{11}\cdot CaO\cdot 2H_2O+2HCl=\!=\!=C_{12}H_{22}O_{11}+CaCl_2+3H_2O$$

称取做完固含率并研细的石灰乳试样 0.2500 g 于 250 mL 干燥的碘量瓶中，加入 2 g 蔗糖和数根大头针，立即加 50 mL 煮沸后冷却的水，加盖充分振荡 10～15 min（或采用电磁搅拌器进行搅拌），加 1 滴 1%的酚酞指示剂，立即用 0.357 mol·L⁻¹ 盐酸溶液滴定至红色转变为无色即为终点（30 s 不返红即可），滴定速度不宜过快。

分析结果的计算公式：

$$w_{CaO_f}=\frac{V\times 0.01}{0.2500}\times S$$

式中　w_{CaO_f}——有效钙的含量，%；

V——滴定时所耗 0.357 mol·L⁻¹ 盐酸标液的体积，mL；

S——石灰乳的固含率，g·L⁻¹；

0.01——1 mL 0.357 mol·L⁻¹ 盐酸标液相当于 CaO 的质量，g·mL⁻¹；

0.2500——试样的质量，g。

表 4-1 为石灰乳 A 的检测结果。

表 4-1　某石灰乳 A 的检测结果

名称	固含率/(g·L⁻¹)	CaO_f含量/%	CaO_f浓度/(g·L⁻¹)
石灰乳A	188.7	67.24	126.88

准确性探究：

① 由于氧化钙极易吸收水分和二氧化碳，因而称样时和操作过程应尽可能迅速进行，以减少与空气的接触。

② 使用的碘量瓶事先应烘干，并在加入蒸馏水时要一次迅速加入，及时振荡，防止试样结块。如有结块现象，浸出就不完全，分析结果偏低，应重新称样处理。

③ 由于普通蒸馏水中含有 CO_2，会影响测定，热的蒸馏水能使蔗糖与钙生成溶解度较小的蔗糖三钙（$C_{12}H_{22}O_{11} \cdot 3CaO$），故必须使用新煮沸并已冷却了的蒸馏水。

④ 滴定速度应控制在每秒 2～3 滴，并在充分振荡时（或搅拌）在容器上加盖。

⑤ 应以红色第一次消失为终点，30 s 内红色不复现即可认为终点已经到达。

⑥ 固含率的测定要准确，以免影响有效钙的量。

⑦ 样品必须保存在自封袋里，防止样品吸潮。

⑧ 煮沸后的水不宜放置太长时间。

第二节　赤泥的分析原理及方法探讨

赤泥是拜耳法高压溶出浆液经分离、洗涤后的固相产物。

将残留于拜耳法赤泥中的 Al_2O_3、SiO_2 的含量与矿石中的 Al_2O_3、SiO_2 相比校，可以求出 Al_2O_3 的实际浸出率：

$$\eta_A(\%) = \frac{\dfrac{w_{Al矿}}{w_{Si矿}} - \dfrac{w_{Al赤}}{w_{Si赤}}}{\dfrac{w_{Al矿}}{w_{Si矿}}}$$

式中　$w_{Al矿}$——铝土矿中铝的质量分数，%；

　　　$w_{Si矿}$——铝土矿中硅的质量分数，%；

　　　$w_{Al赤}$——赤泥中铝的质量分数，%；

　　　$w_{Si赤}$——赤泥中硅的质量分数，%。

　　拜耳法赤泥为预脱硅后矿浆及高压溶出后的系列底流，因其含有较多的铁离子显示红色，如图4-2，故称为赤泥。这种尾矿量大，目前没有经济的回收处理技术，故一般做填埋处理。图4-3是正在用赤泥填埋沟壑，图4-4是已经填平的赤泥场地正在覆盖黄土层，图4-5是赤泥场地上的麦苗。赤泥中各种元素含量丰富，尤其是三稀元素，见表4-2。化验室主要分析项目为：SiO_2、Fe_2O_3、Al_2O_3、CaO、Na_2O的含量。对赤泥物理性质，比如液固比、含水率的分析，判断赤泥沉降时絮凝剂的加入量的多少，具体絮凝剂的沉降性能及用量分析见本章第三节。

图4-2　外排赤泥（见彩插）

图4-3　用赤泥填埋沟壑（见彩插）

图4-4　在赤泥场地上覆盖黄土层（见彩插）

图4-5　赤泥场地上的麦苗（见彩插）

表 4-2　山西某氧化铝厂赤泥各组分含量

分析项目	P	S	Al$_2$O$_3$	CaO	CeO$_2$	Cl	Cr$_2$O$_3$	CuO	Fe$_2$O$_3$	K$_2$O	MgO
物质含量/%	0.18	0.32	27.75	18.63	0.090	0.11	0.10	0.0096	9.28	0.81	0.92
分析项目	MnO	Na$_2$O	Nb$_2$O$_5$	NiO	PbO	SiO$_2$	SrO	ThO$_2$	TiO$_2$	Y$_2$O$_3$	ZrO$_2$
物质含量/%	0.027	12.06	0.52	0.024	0.019	23.51	0.17	0.012	4.53	0.020	0.18

一、赤泥滤饼含水率的测定

烘干称量法，称取定量的试样、烘干称重，根据质量计算结果。

用托盘天平称取 50 g 滤饼于电热板上烘干，然后再称重，记作 m，单位为 g，计算公式为：

$$含水率（\%）=[（50-m）/50]×100\%$$

二、赤泥滤饼附碱的测定

采用酸碱滴定法进行测定。称取一定量的试样，用热水浸取，过滤洗涤，在滤液中加入甲基红指示剂，以盐酸标液滴定。

在天平上准确称取赤泥滤饼 10.00 g，置于 250 mL 烧杯中，加适量热水，用玻璃棒将滤饼捣碎，并充分搅拌，使其赤泥呈均匀的粒子状，减压过滤，滤液置于 500 mL 干净的抽滤瓶中，用热水洗涤滤瓶至无碱性（用 0.1% 甲基红检验），以 0.3226 mol·L^{-1} 盐酸标液滴定滤液至呈红色，即为终点。

结果计算：

$$w_{Na_2O附}=\frac{V\times0.01}{10}=0.1V$$

式中　$w_{Na_2O附}$——赤泥滤饼中附碱的含量，%；

V——耗 0.3226 mol·L^{-1} 盐酸标液的体积，mL；

0.01——1 mL 0.3226 mol·L^{-1} 盐酸相当于 Na$_2$O 的质量，g·mL^{-1}。

准确性探究：

① 所取试样加热水浸取时，必须将赤泥块充分捣碎，否则赤泥中附碱浸取不完全，使结果偏低。

② 过滤洗涤时，应洗涤至赤泥滤饼无碱性，即用甲基红滴入赤泥后，漏斗颈滤出的溶液应为橙色。

③ 加水浸取时，应控制加水体积，一是为了充分洗涤，二是防止滤液过多而抽入吸管内。滤液一般应低于滤瓶嘴 2 cm 以下。

④ 赤泥其他成分的测定方法同铝矿石中相应成分的测定。样品分析溶液的制备同铝矿石样品溶液的制备。

一般拜耳法赤泥中 EDTA 的加入量：脱硅后矿浆 20～25 mL，其他赤泥 15～20 mL。

赤泥的生产指标要求见表 4-3。

表 4-3　赤泥的生产指标要求

组分	指标
赤泥分离溢流固含率	≤250 mg·L^{-1}
赤泥分离底流固含率	300~400 g·L^{-1}
洗涤沉降溢流固含率	≤250 mg·L^{-1}
洗涤沉降底流固含率	300~400 g·L^{-1}
二次洗涤底流附液 Na$_2$O$_T$	20~60 g·L^{-1}
赤泥过滤滤液浮游物	≤15 g·L^{-1}
洗后赤泥滤饼含水率	≤40%

组分	指标
洗后赤泥附碱	$\leq 10 \text{ kg} \cdot t^{-1} \sim$ 干赤
分离沉降槽底流 L/S	3.5~4.5
一粗液浮游物	$\leq 5 \text{ g} \cdot L^{-1}$
洗涤后赤泥附碱损失	$\Delta N_T \times L/S \leq 4 \text{kg} \cdot t^{-1} \sim$ 干赤

注：ΔN_T 为全碱差。

三、液固比的测定

采用烘干称量法测定液固比。将取来之浆液充分倒匀，取 50 g 左右于已知质量的烧杯中，称重，记作 W_1，减压过滤，用热水洗涤 4 次，同滤纸一起取出，于电热板低温处烘干，称重（减去滤纸质量），记作 W_2。

结果计算：

$$液固比（L/S）= \frac{W_1 - m_容 - W_2}{W_2}$$

式中　W_1——浆液和容器的质量，g；

　　　　$m_容$——容器质量，g；

　　　　W_2——烘干后固体质量，g。

注意事项：

① 测定时，对于溶液浓度低、固体粒子较大的浆液取样时要充分摇匀迅速倒出，否则由于固体粒子沉淀速度快而给结果带来较大的误差。为了减少样品转移带来的误差，可将样品直接取入已知质量的烧杯中。

② 洗涤的次数可视溶液的浓度来定，特别是拜耳法浆液，洗涤时要酌情增加洗涤次数。而且，洗涤时必须待溶液滤完后再进行下一次洗涤。

第三节　絮凝剂对赤泥性能的影响研究

在氧化铝生产过程中,沉降分离是影响氧化铝效益及其产品质量的一个重要环节,要保证沉降槽中赤泥浆液的液固分离效果,除了在设备上选择高效沉降槽外,添加絮凝剂是目前普遍采用并行之有效的方法。因此,各生产厂商选择适合本厂物料的絮凝剂就很重要。而且絮凝剂的用量不是越多越好,过量时沉降效果反而不好,过量的絮凝剂不仅影响经济指标,还影响产品纯度,给后续的其他流程带来不利影响,比如过滤困难、系统易结垢。因此,选择合适的絮凝剂以及考查絮凝剂的用量就很有必要。

一、不同絮凝剂的沉降性能研究

1. 絮凝剂的配法

第一步:将 $15\ g\cdot L^{-1}$ 的碱水用顶置式机械搅拌器(树脂浆)快速($1300\ r\cdot min^{-1}$)搅出漩涡,逆着漩涡一次性加入液体絮凝剂(密度大约为 $1\ g\cdot mL^{-1}$)或固体絮凝剂,使浓度为1%,搅拌 30 min 备用。

第二步:取第一步的产物 30 mL,加水 70 mL,此时浓度为3‰,摇匀备用。

2. 液体絮凝剂NALCO9779与AL85EH的沉降性能比较

(1)两种絮凝剂在固含率为 $64\ g\cdot L^{-1}$ 的稀释矿浆中的沉降性能比较　现场取样点取样。取样时先开阀门,待流出 5 min 后开始取样,接样后马上倒入 1000 mL 量筒中,注射器分两次加入絮凝剂 6 mL(加入量小于等于 5 mL 时,明显浑浊)于量筒中,每次加入搅拌两次。开始计时,前 5 min,每分钟记录一次泥层高度,5 min 以后,每 5 min 记录一次泥层高度。30 min 后,停止计时,计算前 5 min 的平均沉速和沉淀高度为 900～700 mL 的平均沉速，结果见表 4-4。

表 4-4　两种絮凝剂在稀释矿浆中的沉降性能研究数据

沉降性能	絮凝剂量		
	6/mL	7/mL	8/mL
AL85EH 在 900～700 mL 的平均沉速/（m·h⁻¹）	24.80	37.20	24.80
NALCO9779 在 900～700 mL 的平均沉速/（m·h⁻¹）	14.90	31.90	22.30
AL85EH 前 2 min 的平均沉速/（m·h⁻¹）	5.13	5.10	4.77
NALCO9779 前 2 min 的平均沉速/（m·h⁻¹）	4.65	5.10	5.45
AL85EH 絮凝剂 2 min 时液面高度/cm	4.90	5.00	6.10
NALCO9779 絮凝剂 2 min 时液面高度/cm	6.50	5.00	3.85
AL85EH 前 5 min 的平均沉速/（m·h⁻¹）	2.23	2.40	2.52
NALCO9779 前 5 min 的平均沉速/（m·h⁻¹）	1.98	2.42	2.82

注：液面高度数值大表明液固比大，压缩性能不好。

（2）两种絮凝剂在一洗矿浆中的沉降试验　在 1000 mL 量筒中按分离底流和二洗溢流的体积比为 2∶8 配制浆液，注射器分两次加入絮凝剂，每次加入搅拌两次。开始计时，前 5 min，每分钟记录一次泥层高度刻度，5 min 以后，每 5 min 记录一次泥层高度。20 min 后，停止计时，计算前 5 min 的平均沉速和沉淀高度为 900～700 mL 的平均沉速，结果见表 4-5 和图 4-6。

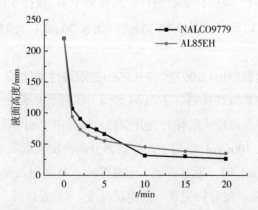

图 4-6　絮凝剂加入量为 2mL 时两种絮凝剂在一洗矿浆中的沉降对比

表4-5 两种絮凝剂在一洗矿浆中的沉降性能研究数据

沉降性能	絮凝剂量		
	2/mL	3/mL	4/mL
NALCO9779在900~700 mL的平均沉速/（m·h^{-1}）	7.70	27.90	44.64
AL85EH在900~700 mL的平均沉速/（m·h^{-1}）	10.63	10.63	37.20
NALCO9779前5 min的平均沉速/（m·h^{-1}）	1.84	2.24	2.25
AL85EH前5 min的平均沉速/（m·h^{-1}）	1.98	1.95	2.11
分离底流+二洗溢流	2∶8	2∶8	2∶8

3. 固体絮凝剂SNF7232-2与NALCO85035的沉降性能比较

（1）两种絮凝剂在二洗矿浆中的沉降试验 一洗底流和三洗溢流按2∶8配制浆液于1000 mL量筒中，试验方法同一洗矿浆中的沉降试验，结果见表4-6。

表4-6 两种絮凝剂在二洗矿浆中的沉降性能研究数据

沉降性能	絮凝剂量		
	1/mL	2/mL	3/mL
NALCO85035在 900~700 mL的平均沉速/（m·h^{-1}）	3.38	22.30	74.30
SNF7232-2在900~700 mL的平均沉速/（m·h^{-1}）	11.75	20.30	74.30
NALCO85035前5 min的平均沉速/（m·h^{-1}）	1.70	2.17	2.23
SNF7232-2前5 min的平均沉速/（m·h^{-1}）	2.09	2.14	2.33
一洗底流+三洗溢流	2∶8	2∶8	2∶8

（2）三洗沉降试验 按二洗底流和四洗溢流的体积比为2∶8配制浆液于1000 mL量筒中，注射器分两次加入絮凝剂，每次加入搅拌两次，开始计时。计算前5 min的平均沉速，900~700 mL的平均沉速，结果见表4-7。

表4–7　两种絮凝剂在三洗矿浆中的沉降性能研究数据

沉降性能	絮凝剂量		
	2/mL	3/mL	4/mL
NALCO85035在900～700 mL的平均沉速/（m·h⁻¹）	4.22	13.67	30.12
SNF7232-2在900～700 mL的平均沉速/（m·h⁻¹）	7.80	26.45	39.68
NALCO85035前5 min的平均沉速/（m·h⁻¹）	1.42	1.73	2.00
SNF7232-2前5 min的平均沉速/（m·h⁻¹）	1.72	1.86	1.91
二洗底流+四洗溢流	2∶8	2∶8	2∶8

（3）四洗沉降试验　按三洗底流和洗水的体积比为2∶8配制浆液于1000 mL量筒中，试验方法同一洗矿浆中的沉降试验。结果见表4-8和图4-7。

表4–8　絮凝剂在四洗矿浆中的沉降性能研究数据

沉降性能	絮凝剂量		
	3/mL	4/mL	5/mL
SNF7232-2在900～700 mL的平均沉速/（m·h⁻¹）	7.70	74.30	44.60
NALCO85035在900～700 mL的平均沉速/（m·h⁻¹）	0.95	48.50	37.20
SNF7232-2前5 min的平均沉速/（m·h⁻¹）	1.66	2.06	2.06
NALCO85035前5 min的平均沉速/（m·h⁻¹）	1.14	2.07	1.99
三洗底流+洗水	2∶8	2∶8	2∶8

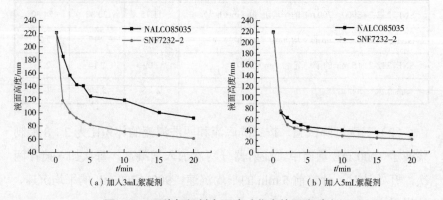

（a）加入3mL絮凝剂　　　　　　　（b）加入5mL絮凝剂

图4–7　两种絮凝剂在四洗矿浆中的沉降对比

4. 结果与讨论

从表 4-4、表 4-5 和图 4-6 可知，两种液体絮凝剂无论是在稀释后矿浆还是一洗底流，絮凝剂 AL85EH 的沉降性能都明显优于絮凝剂 NALCO9779，在絮凝剂用量为最少用量时，AL85EH 在 900～700 mL 的平均沉速明显大于生产需求的 7 m·h^{-1}；在加入量增大的时候，絮凝剂 NALCO9779 沉降性能优于絮凝剂 AL85EH，但是加大絮凝剂用量不仅增加成本，而且影响产品纯度，造成系统严重结垢。

在时间上同样是絮凝剂 AL85EH 的沉降性能优于絮凝剂 NALCO9779，前 5 min 沉降速度很快，液面高度低，而絮凝剂 NALCO9779 在 5 min 以后沉降速度加快，液面高度低于絮凝剂 AL85EH，但是絮凝剂在系统停留时间也延长了，结垢加重。故适合此物料的液体絮凝剂是 AL85EH。

从图 4-7 及表 4-6、表 4-8 可知，两种固体絮凝剂中，SNF7232-2 絮凝剂的沉降性能优于 NALCO85035 絮凝剂，尤其是在絮凝剂用量少时差别更明显，且 SNF7232-2 絮凝剂都是在用量最少时 900～700 mL 的平均沉速明显大于生产需求的 7 m·h^{-1}；增大絮凝剂的用量，絮凝剂 NALCO85035 的沉降性能优于絮凝剂 SNF7232-2，但也是不可选择的，原因同上。

二、絮凝剂的用量计算

综合表 4-4~表 4-8 的结果，得出絮凝剂的最佳用量，见表 4-9。

表 4-9　絮凝剂用量的选取及所达到的性能参数

浆液种类	稀释矿浆	一洗	二洗	三洗	四洗
絮凝剂用量/mL	6	2	1	2	3
固含率或配比	64（g·L^{-1}）	2∶8	2∶8	2∶8	2∶8
900～700 mL 平均沉速/（m·h^{-1}）	24.80	10.63	11.75	7.80	7.70
前 5 min 平均沉速/（m·h^{-1}）	2.23	1.98	2.09	1.72	1.66

总絮凝剂用量的计算如下。

洗涤流程中按照 2∶8 混合浆液，固含率以 600 g·L^{-1} 计算如下：

$$600 \times \frac{200}{1000} = 120 \text{（g）}$$

洗涤 120 g 赤泥用 $2+1+2+3=8$（mL）

分离 120 g 赤泥用稀释矿浆 $6 \times \frac{120}{64} = 11.25$（mL）

共用 $11.25+8=19.25$（mL）

$$19.25 \times \frac{3}{1000} = 0.057 \text{（g）}$$

按生产 1 吨氧化铝产生 1100 kg 赤泥计算：

$$0.057 ∶ 120 = x ∶ 1100$$

$$x = 0.52 \text{（kg）}$$

故絮凝剂的实验室用量为每生产 1 吨氧化铝需要絮凝剂 0.52 kg。

需要说明的是，实验室得出来的絮凝剂用量一定比实际用量大，其原因是：

① 实际生产中是循环的，而实验室是单个进行的。

② 实际沉降是在槽内进行，温度比现场高出 20 ℃，这是影响沉降速度的主要因素之一。

③ 沉降槽面积大、粗短，比细长的量筒沉降速度快。

④ 试验用量的沉速远大于 7 m·h^{-1}，实际生产中沉速为 7 m·h^{-1} 就满足生产需要了，试验用量已经过量，故现场絮凝剂的用量应该小于絮凝剂的实验室用量。

第四节　赤泥分解试验研究

一、研究背景

拜耳法赤泥中氧化铝等物质活性较差，煅烧赤泥可以增强其活性。侯双明等人将赤泥与其他物质按照一定比例混合，在 500～800 ℃的温度下热活化，并且加热到预定温度后持续保温 180 min，取得了良好的效果。本试验不加添加剂，采用高温活化赤泥，选择合适的活化温度。

二、研究方法

称取 4 份 50 g 赤泥样品于坩埚中，放入高温炉内，从低温升起，温度到达 950 ℃时取出一个样品；温度到达 1000 ℃时，再取出另两个样品，1050 ℃和 1100 ℃时重复同样的操作。

再准备一份 50 g 样品，不灼烧。灼烧样品冷却后转移至 250 mL 的锥形瓶中，加入沸水 200 mL，放于磁力搅拌器上搅拌 30 min。过滤样品，分析滤液中的 CaO、Na_2O 含量，结果见表 4-10。

三、结果与讨论

灼烧温度对赤泥分解的影响见表 4-10。

表 4-10　灼烧温度对赤泥分解的影响

项目	常温	950 ℃	1000 ℃	1050 ℃	1100 ℃
Na_2O / g・（50 g赤泥）$^{-1}$	0.255	0.335	0.290	0.115	0.055
CaO / mg・（50 g赤泥）$^{-1}$	3.99	23.96	29.56	22.77	13.18

由表 4-10 可知，赤泥在 1000 ℃灼烧，可以分解出大量可溶性 CaO、Na_2O，高温活化赤泥的其他成分分析，有待于进一步研究。

第五章
成品的分析原理及方法探讨

在碱法生产氧化铝中，铝酸钠溶液经分解、过滤、洗涤产生半成品氢氧化铝。氢氧化铝质量的优劣，将直接影响成品氧化铝的质量，因此有必要进行控制分析和其他成分的检验。

氧化铝是由氢氧化铝经高温焙烧脱水而成，见图 5-1。随着焙烧温度的不同，可得到不同晶体的氧化铝，其物理和化学性质也有所差异。氧化铝主要晶体为 α-Al_2O_3 和 γ-Al_2O_3 两种，多用于金属铝的生产，经过包装（图 5-2），运送到电解铝厂。

图 5-1 成品氧化铝
（见彩插）

氧化铝中的二氧化硅、氧化铁、氧化钠和氧化钾等在铝电解过程中均属于有害物质，因此必须对其进行分析。

氧化铝在生产过程中经过高温焙烧，生成的 α-Al_2O_3 和 γ-Al_2O_3 都是比较稳定的，微量杂质残存于晶格中。因此，分析检测一般要破坏晶格，可在高温条件下加助熔剂，或者用强酸。

图 5-2 成品包装车间

第一节 氧化铝产品化学分析

氧化铝产品分析和氢氧化铝半成品的分析指标及方法基本相同，一般要测定二氧化硅、氧化铁、氧化钠及灼减（烧失量），表 5-1 是一次常规分析数据。

表 5-1 氧化铝产品分析检测常规数据

组分	SiO_2	Fe_2O_3	Na_2O	烧失量
含量/%	0.0065	0.0112	0.2985	0.8400

下面就这些常规分析展开讨论。

一、亚铁还原硅钼蓝光度法测定二氧化硅的含量

1. 检测原理

有资料显示硼砂（$Na_2B_4O_7 \cdot 10H_2O$）在物料熔融反应过程中，有降低熔点的作用。但硼砂试剂中二氧化硅含量较高，对氢氧化铝和氧化铝

中二氧化硅的分析是不利的。另外，硼砂的提纯必须进行几次重结晶，操作手续比较麻烦，而市售的一级硼酸试剂中，二氧化硅含量较低，故采用硼酸、碳酸钠混合熔剂分解试样，其作用与硼砂是一致的。

试样以硼酸-碳酸钠混合熔剂熔融，然后用盐酸浸出。分子分散状态的硅酸在 0.24 mol·L^{-1} 左右的浓度下，与钼酸铵生成硅钼黄，再用亚铁使硅钼黄还原成硅钼蓝，用分光光度计于波长 700 nm 处测其吸光度，以测定二氧化硅的量。具体反应如下：

硼酸加热到 100 ℃时失去一分子水生成偏硼酸：

$$H_3BO_3 \xlongequal{100℃} HBO_2 + H_2O$$

继续加热至 140～160 ℃时，偏硼酸聚合而生成四硼酸（$H_2B_4O_7$）：

$$4HBO_2 \xlongequal{140\sim160℃} H_2B_4O_7 + H_2O$$

当物料温度达到 600 ℃时，四硼酸立即脱水而生成硼酐（B_2O_3），并与碳酸钠生成四硼酸钠（无水硼砂）：

$$H_2B_4O_7 \xlongequal{600℃} 2B_2O_3 + H_2O$$

$$2B_2O_3 + Na_2CO_3 \xlongequal{} Na_2B_4O_7 + CO_2$$

当温度升至 700～800 ℃时，硼酸钠与试样中各组分发生作用。在上述反应过程中，熔物在坩埚内沸腾并均匀地附着在坩埚内壁上，于 950 ℃加热 10～15 min 后，反应完全。试样中各组分的阳离子生成硼酸盐，二氧化硅生成可溶性硅酸钠。硼酸与碳酸钠和试样的配比一般为 0.8∶1.7∶0.7648（氧化铝 0.5）或 0.5∶1.3∶0.7648（氧化铝 0.5）时，熔融情况最好，又便于用水抽出。若硼酸加得过多时，熔融物呈玻璃状，不易被抽出。当硼酸加入量过少时，则物料分解不完全，抽出时溶液发浑，即使酸化后也不会澄清。遇此情况应重新称样分析。

另外，试样在熔融时，开始温度不可太高，以免熔融反应激烈而造成物料损失。

当物料用硼酸、无水碳酸钠熔融后，为了使熔融物抽取后的溶液酸度恰为硅钼黄的发色酸度，抽取后盐酸的加入量必须考虑到熔融物中各组分与盐酸的作用。盐酸用量近似计算如下。

① 考虑碳酸钠完全分解的耗酸量：

$$Na_2CO_3+2HCl\!=\!=\!2NaCl+H_2O+CO_2\uparrow$$

$$V_1=\frac{1.7\times1000}{53\times3}=10.7(mL)$$

式中　V_1——3 mol·L^{-1}盐酸溶液中和 1.7 g 碳酸钠所需盐酸的量，mL；

　　　1.7——碳酸钠的质量，g；

　　　53——碳酸钠的摩尔质量的一半，g·mol^{-1}。

② 考虑氢氧化铝形成氯化铝的耗酸量：

$$Al\,(OH)_3+3HCl\!=\!=\!AlCl_3+3H_2O$$

$$V_2=\frac{0.7648\times1000}{26\times3}=9.8(mL)$$

式中　V_2——3 mol·L^{-1}盐酸溶液作用 0.7648 g 氢氧化铝所需盐酸的

　　　　量，mL；

　　0.7648——氢氧化铝的质量，g；

　　　26——氢氧化铝的摩尔质量的三分之一，g·mol^{-1}。

③ 考虑试样溶液的酸化及硅钼黄发色酸度，以 100 mL 体积、0.225 mol·L^{-1}酸度计算时需用的酸量：

$$V_3=\frac{100\times0.225}{3}=7.5(mL)$$

故在抽取酸化时应加入 3 mol·L^{-1}盐酸的总酸量为 28 mL。

具体反应如下：

酸化反应：

$$Na_2SiO_3+2HCl+H_2O\!=\!=\!2NaCl+H_4SiO_4$$

生成硅钼黄的反应：

$$H_4SiO_4 + 12H_2MoO_4 == H_8[Si(Mo_2O_7)_6] + 10H_2O$$

还原为硅钼蓝的反应：

$$H_8[Si(Mo_2O_7)_6] + 4FeSO_4 + 2H_2SO_4 ==$$

$$H_8\left[Si\Big\langle\begin{matrix}Mo_2O_5\\(Mo_2O_7)_5\end{matrix}\right] + 2Fe_2(SO_4)_3 + 2H_2O$$

2. 操作细节

（1）二氧化硅标准溶液的配制　用移液管移取 25.00 mL 二氧化硅标准储存溶液（1 mL 含有 0.5 mg 二氧化硅）于 500 mL 容量瓶中，用水稀释至刻度，混匀。移入聚乙烯瓶中，贴标签保存。此溶液 1 mL 含 0.025 mg 二氧化硅。此溶液使用时配制。

（2）基底溶液的配制　于 5 个铂坩埚（30 mL，Au5%，Pt95%）中，分别加入 0.8 g 硼酸（优级纯固体）、1.7 g 无水碳酸钠和 0.5 g 高纯氧化铝进行熔融。熔融操作与试样分析操作相同，用少量水浸出熔融物，移入同一个加有 3 mol·L^{-1} 盐酸 140 mL 的 250 mL 容量瓶中，用水稀释至刻度，混匀。

（3）标准曲线的绘制　于一组 100 mL 容量瓶中，各加入 25.00 mL 基底溶液，并分别准确加入 0.00 mL、1.00 mL、2.00 mL、3.00 mL、4.00 mL、5.00 mL 二氧化硅标准溶液，用滴定管准确加水至最终体积为 50 mL，以下操作同分析步骤。将测得的吸光度减去空白溶液的吸光度后，与标准溶液相对应于试样的二氧化硅含量绘制标准曲线。

（4）试样溶液的测定　氢氧化铝试样应预先在 120 ℃烘干 1.5 h，取出在干燥器中冷却至室温。氧化铝试样应预先在 300 ℃烘干 1.5 h，取出在干燥器中冷却至室温。试样应通过 120 目筛网。

① 将试样（氧化铝称取 0.5000 g；氢氧化铝称取 0.7648 g）置于铂

金坩埚中，加入 0.8 g 硼酸（优级纯固体）和 1.7 g 无水碳酸钠（优级纯固体），搅匀；置于约 700 ℃的高温炉中，升温至 1000 ℃±20 ℃（显示温度和实际温度的缓冲）熔融 20 min，取出稍冷。空白试验直接在 1000 ℃熔融 2～3 min 后，取出稍冷。

②　向坩埚中加入沸水，于电热板上加热至近沸，使熔融块全部溶解（注意不要使熔融物溅出）；将溶液经塑料漏斗移入已盛有 28 mL 3 mol·L^{-1} 盐酸（国标规定是硝酸，考虑到安全性与价格问题，本操作选择盐酸，且不影响结果）的 100 mL 容量瓶中（空白实验加 3 mol·L^{-1} 盐酸 18 mL），坩埚用水冲洗 3 次，迅速振荡容量瓶，使溶液澄清（若溶液浑浊，需重新熔样），冷却至室温，用水稀释至刻度，混匀。

③　分取 50.00 mL 试液于另一个 100 mL 容量瓶中（剩余试液用于测定三氧化二铁含量），加入 10%钼酸铵溶液 5.00 mL，根据室温不同，放置 5～15 min （15～20 ℃放置 15 min，20～30 ℃放置 10 min，高于 30 ℃放置 5 min），加入 20.00 mL 硫酸-草酸-硫酸亚铁铵混合液，用水稀释至刻度，振荡混匀。

④　将部分试液移入 2 cm 比色皿中，于分光光度计波长 700 nm 处，以水为参比，测量其吸光度。

⑤　将所测得的吸光度减去随同试样空白溶液的吸光度后，从吸光度-二氧化硅结果曲线中求得二氧化硅的含量。

二、邻二氮菲光度法测定三氧化二铁的含量

在酸性溶液中，用盐酸羟胺将三价铁还原为二价铁，在乙酸-乙酸钠缓冲溶液中加入邻二氮菲形成稳定的红色络合物，于分光光度计波长 500 nm 处测量其吸光度，以测定氧化铁量。

主要反应：

$$4FeCl_3 + 2NH_2OH \cdot HCl = 4FeCl_2 + N_2O + H_2O + 6HCl$$

$$Fe^{2+}+3C_{12}H_8N_2 = \left[Fe\left(C_{12}H_8N_2\right)_3\right]^{2+}$$

具体操作如下：

（1）氧化铁标准溶液的配制　移取 50.00 mL 上述氧化铁标准溶液（1 mL 含 0.5 mg 三氧化二铁），置于 1000 mL 容量瓶中。加入 1+1 盐酸 20 mL，以水稀释至刻度，混匀。此溶液 1 mL 含 0.025 mg 氧化铁。用时配制。

（2）基底溶液的配制　称取 8.00 g 硼酸固体和 17.00 g 无水碳酸钠固体，置于铂坩埚中；在 950 ℃下熔融 5 min，取出冷却；加热水抽取熔融物，移入 500 mL 容量瓶中，加入 3 mol·L^{-1} 盐酸 180 mL，冷却后用水稀释至刻度，混匀。

（3）工作曲线的绘制　于一组 100 mL 容量瓶中，各加入 25 mL 基底溶液，并分别加入 0.00 mL、1.00 mL、2.00 mL、3.00 mL、4.00 mL、5.00 mL 三氧化二铁标准溶液，用滴定管准确加水至最终体积为 50 mL，后续操作同分析步骤。将测得的吸光度减去空白溶液的吸光度后，根据标准溶液相对应于试样的三氧化二铁含量绘制曲线。

（4）试样溶液的测定

①　在分取测定二氧化硅后剩余的 50 mL 试液中，加入 20 mL 邻二氮菲-盐酸羟胺-乙酸钠混合液，用水稀释至刻度，振荡混匀。

②　将部分溶液移入 2 cm 比色皿中，于分光光度计 500 mm 处，以水为参比，测量其吸光度。

③　将所测量的吸光度减去随同试样空白溶液的吸光度后，从标准曲线中获得三氧化铁的量。

三、原子吸收法测氧化钠的含量

氢氧化铝中的氧化钠主要以三种形式存在：一是以铝硅酸钠（$Na_2O \cdot Al_2O_3 \cdot 2SiO_2 \cdot nH_2O$）形式存在的化合钠；二是进入氢氧化铝

晶格中的晶格钠；三是附着在氢氧化铝表面的附着碱。

利用空心阴极灯光源发出被测元素的特征辐射光,钠元素通过原子化后对特征辐射光进行吸收,通过测定此吸收的大小,来计算钠元素的含量。

(1)氧化钠标准溶液的配制 移取氧化钠标准溶液(1 mL 相当于 2 mg 氧化钠)0.00 mL、20.00 mL、40.00 mL、50.00 mL、60.00 mL 分别于 5 个 2 L 容量瓶中,各加入 3 mol·L^{-1} 盐酸 400 mL,稀释至刻度,混匀。此溶液 1 mL 相当于 0 μg、20 μg、40 μg、50 μg、60 μg 氧化钠。

(2)标准曲线的绘制 在钠灯工作的前提下,选择次灵敏线(波长在 330 nm 处),按照仪器的操作规程,先用水进行调零,再用标液进行测定,然后根据标准溶液相对应于试样的氧化钠含量绘制曲线。

(3)试样溶液的测定 氧化铝称取 1.0000 g 试样(试样的处理同前文,用新鲜活性氧化铝作干燥剂),氢氧化铝称取 1.5300 g 试样。

① 将试样置于 150 mL 烧杯(使用新烧杯时,应先用酸做浸出试验,检验是否有钠、钾空白)中,加入 3 mol·L^{-1} 盐酸 10 mL,盖上表面皿,在电热板上加热至近沸,并保温 10 min。

② 用定量滤纸过滤,滤液置于 100 mL 容量瓶中(溶液有时混浊,并不影响结果),用热水冲洗烧杯及滤后残渣各三次。

③ 将滤纸同残渣一起移入镍坩埚中,在电炉上灰化后,于 900 ℃ 高温炉中灼烧 10 min,取出冷却。

④ 将灼烧后的残渣倒入原烧杯中,加入 3 mol·L^{-1} 盐酸 10 mL,盖上表面皿,在电热板上加热至近沸,并保温 10 min。将溶液和残渣全部移入 100 mL 容量瓶中,冷却后用水稀释至刻度,混匀。

⑤ 用中速滤纸过滤溶液至原烧杯中,用原子吸收测量溶液中氧化钠的吸光度,从标准曲线中获得氧化钠的含量。

第二节 原子吸收分光光度计常见问题探索

原子吸收分光光度计又称原子吸收光谱仪,是通过测量物质所产生的原子蒸气对谱线的吸收能力进行定性和定量分析的仪器。现将该仪器使用过程中常见的问题做如下介绍。

1. 样品没有进入仪器

① 温度太低,喷雾器无法正常工作。一般原子吸收分光光度计采用的是预混合型雾化燃烧器系统,它由喷雾室、燃烧器等部分组成。喷雾器的功能是将溶液转变成尽可能细而均匀的雾滴,与撞击球碰撞后进一步地细化,雾滴越细,测定的灵敏度越高。

温度一般不会存在太大波动,要注意的是夏天太阳光的照射会导致仪器不稳定,注意拉窗帘防晒。环境温度应为 10~30 ℃,最低不得低于 5 ℃。当温度低于 5 ℃时,低温高速气体无法雾化水样,甚至凝结成小冰粒。对于上述故障,可通过提高室内温度予以解决。

② 毛细管堵塞。测试过程中拔插塑料吸液管,有可能因吸入空气而形成一连串的气泡阻塞抽吸溶液,遇此情形,用手指轻弹吸液管,可使气泡被吸走。如频繁发生堵塞,则应考虑改用较粗的吸管,粗管对水样的消耗比较大,且因为降低火焰的温度,使灵敏度降低,在实际测试中可根据具体情况决定。

2. 吸光度及能量不稳定

遇此情况,可先关闭火焰,如果此时吸光度稳定,原因可能如下:

① 燃气不纯。因为钢瓶中的乙炔溶解在活性炭上的丙酮中,其最大的压强为 15 kg·f/cm² (1 kg·f/cm²≈98.067kPa),当压力降到 5 kg·f/cm²,丙酮的挥发将使火焰发红,导致结果不稳定,此时应更换新瓶。如果是因燃气质量问题造成的,应考虑加强过滤。

② 燃气不稳。此时应检查助燃气及燃气通道是否有漏气现象，发现问题，及时解决（如果漏气报警器会报警，此时要开窗，及时关闭气源）。

③ 周围环境干扰。当空气流动较严重或有烟雾、尘土干扰时，会使测定结果不稳定。此时应关闭门窗；排气扇的排风量，应设计成以一张纸贴在抽风口处，能轻轻吸住为宜，太大会影响火焰的稳定性（一般仪器工作环境较稳定，点火测定时注意关闭门窗）。

④ 燃烧缝较脏。燃烧器的长缝点燃时应为均匀的火焰，如果火焰的颜色呈红色锯齿状或明显的长期不规则变化，说明燃烧头堵塞，狭缝处有难溶沉积物。清洁的办法是开启空压机，吹入空气，同时用单面刀沿缝细心地刮，利用空气把刮下的沉积物吹掉，注意不要把缝边刮坏；也可以用腐蚀性皂液清洗，把沉积物擦掉。平时做完实验，可吸入 0.2% 的 HNO_3 溶液及去离子水各 5 mL 后，干烧一段时间，即可保持燃烧缝的清洁。

3. 仪器不稳定

如果仪器在静态状态下仍然不稳定，原因可能是：

① 电网电压变动大，可采用安装稳压器解决。

② 周围有强电磁场或高频干扰，解决的办法是关掉周围的干扰仪器。

③ 标尺扩展太大。采用标尺扩展的目的是为了提高测试的灵敏度，但如果灵敏度太高稳定性就会降低，可适当调整标尺扩展的倍数。

④ 灯损坏。可选用常用的灯进行对比测试，抛弃坏灯。空心阴极灯不能长期搁置不用，存放时间过长，会因为气体吸附、释放等原因而致灯成批的损坏，因此每隔三四个月，应将不常用的灯取出点燃 2～3 h。

⑤ 原子吸收分光光度计是精密仪器，对温度要求较高，温度过高，将使一些元素热量无法散失，功能异常，可设法降低室温予以解决。

4. 测定条件的选择不适宜

（1）空心阴极灯的工作电流 空心阴极灯的电流大小要适宜，如果太大会使谱线变宽，并产生自吸收，导致灵敏度下降，灯内气体消耗快，灯的寿命也要缩短；过低会使放电不稳定，光谱输出性差，输出强度下降。一般来说，在保证放电稳定和合适光强输出的条件下，尽量选择用低的工作电流。每只空心阴极灯上标有允许使用的最大电流和建议使用的适宜工作电流。在具体情况下，可通过实验来确定选用多大的电流（灯电流与元素灯有关系，一般不用调整）。

（2）火焰的选择 要根据待测元素的性质选择适当的火焰。一般来说，在火焰中容易生成难离解化合物的元素及形成耐热化合物的元素，需要用高温火焰。采用高温时要注意电离干扰，对于易电离和易挥发的碱金属可采用低温火焰。贫燃性火焰适合于不易生成氧化物的元素测定，如 Cu、Ag、Au、Mg、Pb、Zn、Cd、Mn、Co、Ni、Fe 等；富燃性火焰适合于容易生成氧化物的 Ca、Sr、Ba、Cr、Mo 等元素的测定。

（3）雾化器的调节 雾化器要调到最佳程度，目的是保证火焰中产生的原子数要多，以提高灵敏度（实际操作中如果遇见雾化效果不好的情况，即通过观察不点火时燃烧头缝隙中出来的水汽大小，若感觉稀疏，可以通过调节雾化器里玻璃珠的位置来调整雾化效果）。

5. 分析结果不正常

（1）分析结果偏高 可能的原因有以下几点：空白试剂没有校正；存在电离干扰或光谱干扰；校正溶液变质或标准溶液配制不合适（标液的纯度以及准确度都直接影响测定结果，有背景吸收）。

（2）分析结果不稳定 主要的原因可能是：存在化学干扰或基体干扰；标准溶液配得不准，或由于容器壁有吸附现象；空白溶液有污染；样品吸收值在工作曲线的非线性部分，可用稀释样品或曲线校直法解决（有时会出现测试结果不同，把烧杯换个方向会测出来另一个结果，此时可以在测定的过程中用进样管先搅拌烧杯里的溶液之后再测量）。

（3）曲线校直的限度　主要有以下几种方法：在共振吸收分析线测定时，如果被测元素浓度太大，可用低浓度范围或用次灵敏线进行分析；灯发射有自蚀，可降低灯电流；有电离干扰，可加入消电离剂；存在散射光，可用较小的狭缝减小这种效应。

如果上述问题都解决后，仪器仍然不稳定，则属于仪器本身的故障，可能是某些系统中个别元件损坏，某处导线或接点断路或短路，高压控制失灵等原因。这些情况不是化验人员可以控制的，应请专业人员维修处理。

在重新安装软件之后需要进行波长校正，波长校正的方法参见仪器使用说明书。如果在使用过程中发现寻峰结果超出允许误差，可以进行波长校正，如果校正波长之后还是超出允许误差则要考虑换灯。

在进行每一次操作或者是更换配件时，要注意不能在开机状态下随意进行，以免烧坏主板。

6. 点火五要素

① 水封处于水满的情况（可以给水封进行加水检验，若废液管里有水流出则说明水满）。

② 紧急灭火开关处于关闭状态。

③ 空气压力处于 0.2~0.3 MPa。

④ 乙炔气体管道压力为 0.07 MPa。

⑤ 燃烧头要向下靠紧。

7. 波长无法通过电机

如果出现波长无法通过电机的情况，可能的原因是：

① 燃烧头挡光，可以调节燃烧头的高度和前后位置（燃烧头与灯的相对位置直接影响灵敏度）。

② 元素灯可能损坏，需要换灯。

第三节　氧化铝产品物理分析

一、氧化铝灼烧失量的测定

将在 300 ℃干燥后的氧化铝试样，于 1000 ℃灼烧，以失去的质量计算灼烧失量的质量分数。具体操作为：

① 将瓷坩埚和盖子（30 mL）置于高温炉中，控制温度为 950 ℃灼烧 30 min，取出，稍冷，置于干燥器（用新活性氧化铝作干燥剂）中，冷却 30 min，称量（质量 m_1），精确至 0.1 mg。

② 向坩埚内加入约 5.000 g 试样，置于（300±10）℃的烘箱中，干燥 2 h，取出，置于干燥器中冷却 30 min，称量（质量 m_2），精确至 0.1 mg。

③ 将坩埚及试样再移入高温炉中，控制温度 1000 ℃，灼烧 2 h，取出，稍冷，置于干燥器中，将盖盖严，冷却 40 min 至室温，称量（质量 m_3），精确至 0.1 mg。

计算公式为：

$$灼烧失量（\%）=（m_2-m_3）/m_0$$

式中　m_0——300 ℃干燥后的试样量（即 m_2-m_1），g；

　　　m_1——950 ℃灼烧过的空坩埚的质量，g；

　　　m_2——300 ℃干燥后盛有试样的坩埚的质量，g；

　　　m_3——1000 ℃灼烧后盛有试样的坩埚的质量，g。

二、重量法测定氧化铝的水分

称一定质量的样品，在 120 ℃时烘干 1.5 h，以失去的附着水质量计算其质量分数。

称取 50.00 g（成品湿料称取 200.00 g）充分混匀的试样，置于已知质量的不锈钢盘中；将试样均匀分布，放入烘箱中，在 120 ℃的温度下烘干 1.5 h，取出，冷却（烘干后放置时间不宜过长，以免吸收水分）至室温，称重。

$$水分（\%）=（m_1-m_2）/m_0$$

式中　m_1——烘干前试样和不锈钢盘的质量，g；

　　　m_2——烘干后试样和不锈钢盘的质量，g；

　　　m_0——试样质量，g。

三、氧化铝 pH 的分析

酸度计的主体是精密电位计，用来测量电池的电动势，为了省去计算过程，酸度计把测得的电池电动势直接用 pH 刻度表示出来。因而从酸度计上可以直接读出溶液的 pH。仪器使用前首先要标定。一般情况下仪器在连续使用时，每天要标定一次。

以 pHS-25 型酸度计为例说明具体的操作步骤。

① 打开电源开关，仪器进入 pH 测量状态。

② 按"温度"键，使仪器进入溶液温度（室温）调节状态（此时温度单位℃指示灯闪亮），按"△"键或"▽"键调节温度显示数值上升或下降，使温度显示值和标定溶液温度一致，然后按"确认"键，仪器确认溶液温度值后回到 pH 测量状态。

③ 把用蒸馏水或去离子水清洗过的电极插入 pH=6.86 的标准缓冲溶液中，按"标定"键。此时显示实测的 mV 值，待读数稳定后按"确认"键，然后再按"确认"键，仪器转入"斜率"标定状态。

④ 仪器在"斜率"标定状态下，把用蒸馏水或去离子水清洗过的电极插入 pH=9.18 的标准缓冲溶液中（在测定出溶液结果呈酸性的时候需要用 4.00 标液重新调节斜率后再测量）。此时显示实测的 mV

值，待读数稳定后按"确认"键，然后再按"确认"键，仪器自动进入 pH 测量状态。用蒸馏水及被测溶液清洗电极后即可对被测溶液进行测量。

⑤ 称取 20.00 g 试样（预先置于烘箱中，于 120 ℃ 干燥 1.5 h，冷却至室温，置于干燥器中，备用），精确至 0.01 g。将试样放入烧杯中，加入 100 mL 去离子水。置于恒温磁力搅拌器中，搅拌 10～15 min，停止搅拌后，过滤，在过滤后的清液中插入电极，用玻璃棒搅拌溶液，待酸度计读数稳定后读数。对同一试料应至少进行两次测量，取其平均值。

⑥ 测试完成后关闭仪器电源，用蒸馏水清洗电极头部，并用滤纸吸干，之后浸泡在饱和 KCl 溶液中保存。

第四节　灼减温度对结果的影响研究

为探究温度对灼失量测定的影响情况，对灼减温度为 1000 ℃ 和 950 ℃ 的实验结果进行对比，得出数据见表 5-2。

表 5-2　温度对灼减的影响情况

项目	样品编号						
	1	2	3	4	5	6	7
1000 ℃	0.91	0.90	0.90	1.00	0.90	0.94	0.90
950 ℃	0.84	0.84	0.82	0.93	0.84	0.88	0.84
差值	0.07	0.06	0.08	0.07	0.06	0.06	0.06

从表 5-2 中可以看出温度对灼减结果有影响，7 组数据的平均差值是 0.07，在 1.00 以内的灼减允许误差是 0.07，显然温度的变化已经达

到误差值的上限。所以在日常操作过程中应该注意实际炉温是否符合设定温度，应定期检查炉温是否正常，两个月检查一次（若遇更换热电偶或者维修应进行温度检验），进行维护及维修时应有所记录。

第六章
氧化铝行业发展前景及技术研究

第一节　铝土矿资源现状及发展趋势

铝元素在地壳中的含量仅次于氧和硅，居第三位，是地壳中含量最丰富的金属元素。铝及其合金由于优异的性能、较低的价格、较高的回收率，在建筑、交通、电子电力、机械、日常耐用消费品、包装材料等方面都有广泛的应用。目前，我国铝行业对进口铝土矿的依存度达60%，而且国内铝土矿质量较差，大部分都是加工困难、耗能高的一水硬铝石，再加之在铝土矿的利用方面还存在技术瓶颈，这些状况导致我国铝土矿资源难以应对日益激增的需求，资源供应方面面临较大压力。

一、综合利用程度不高

我国铝土矿共生和伴生组分多，可综合开发利用。铝土矿多与耐火黏土、石灰岩和铁矿等矿产共生，伴生组分主要有铌、钽、镓、钒、锂、钛和钪等有用元素。在含矿段并伴生有稀有、稀土及稀散元素，可以综合开采，综合利用。但是，目前铝土矿资源综合利用程度不高，大部分氧化铝厂只是利用了铝土矿中的铝，仅有部分铝厂对里面的镓元素进行了提取，大部分伴生元素留存于尾矿赤泥中。我国氧化铝厂每年排放大宗危废赤泥约 1 亿吨，但综合利用率仅为 4%，大量赤泥长期露天堆存，致使环境污染严重。大量赤泥无法有效处理，也已成为制约我国氧化铝工业发展的瓶颈之一。

综上所述，为了追求高利润，铝土矿行业存在"采富弃贫"的现象和只是提取铝的粗放生产。因此，对铝土矿进行综合利用以及对氧化铝进行精细化生产是未来氧化铝发展的方向。

二、铝土矿开采利用的难度增加

近两年铝土矿资源表现出明显的"捉襟见肘"，同时，可期待的是发现了更多的铝土矿层。这表现在沉积型铝土矿床勘查深度发生变化，向深部延伸。2002 年《铝土矿、冶镁菱镁矿地质勘查规范》（DI/T 0202—2002）中明确规定铝土矿床勘查的垂直深度一般不超过 200～300 m。2020 年版《矿产地质勘查规范 铝土矿》（DI/T 0202—2020）则明确规定沉积型铝土矿床的勘查深度一般不超过 800 m。

深部铝土矿体，尤其是煤层下铝土矿体，铝硅比 A/S 降低、矿体内部夹层和无矿天窗增多、矿体形态复杂、S 含量增高、Fe 含量变化大等因素，都增加了铝土矿勘查、开发、利用的难度。

铝土矿的开采方式发生变化，由露天开采转向地下开采。多年来，铝土矿的开采以露天开采为主，但随时间推移和开采强度加大、开采量增加，以及国家环保政策等因素影响，铝土矿开采方式正由露天开采逐渐转入地下开采。由于铝土矿顶板以黏土类岩石为主，易风化、很不稳定，这给地下开采带来很多困难，加大了损失和贫化。煤层下铝土矿开采更为困难，一般煤层距铝土矿层位十余米至二十米，煤层开采后的老硐、水等因素都是安全隐患，无疑增加了铝土矿的开采难度和成本。

三、铝土矿生产加工技术极富挑战

进入 2021 年，与电解铝价格居高不下形成强烈对比的是国内氧化铝价格窄幅区间震荡，维持在 2450 元/吨左右。国内氧化铝行业已进入低利润期。

同时，随着铝土矿开采向深部发展，其矿石 A/S 降低、S 含量增高、Fe 含量变化大等，这增加了生产成本和工艺困难，对加工技术提出了新的要求。一般通过选矿脱硅，可提高矿石 A/S，且目前已有比较成熟的工艺技术。但如何脱 S、降低 S 在氧化铝生产过程中的影响，还存在一定的技术困难。

此外，铝土矿石伴生有丰富的稀有、稀土及稀散元素，实际生产当中仅有少数企业在生产过程中回收金属镓（Ga），其他高附加值元素都没能回收利用，铝土矿的价值没有充分体现。据有限资料，个别科研院所做过这类工艺技术研究，由于成本原因，没能实现工业化生产。但为适应市场、企业生存发展需要，加强技术研发必将成为行业的发展趋势。

综上，进行铝土矿的去铁研究，对铝土矿进行综合利用，氧化铝企业升级为精细化生产企业，以及研发铝土矿的可替代资源，是今后氧化铝行业发展的方向，对于我国发展铝资源产业、提高国民经济水平以及保障国家战略发展具有重要的意义。

第二节　中铁铝土矿去铁试验研究

铁含量高的铝土矿可以通过灼烧去铁，将铝土矿加热使样品的氧化铁转变成有磁性的四氧化三铁，然后用高强磁铁将有磁性的矿粉分离。从而达到矿石去铁的效果。具体试验过程如下：

①称取一定量研磨好的铝土矿样品（$m_样$，100.00 g），放于高温炉中，从低温加热到一定温度，停止加热。将高温炉开一条小缝隙，让其自然降温至 100 ℃左右。取出称重（$m_烧 = m_{烧后样} + m_盘$），计算灼烧失量，进行成分分析。

②称取一定量的样品倒入约 1 L 的烧杯中，烧杯中加适量的水，搅拌成浆液，再准备 1 L 的烧杯，里面加入 800 mL 的纯净水，用高强磁棒插入浆液中搅拌吸取磁性铁物质，然后取出再插入纯水的烧杯中涮洗两次（洗液倒回容器中），上述动作反复操作，直至磁棒吸不出物质。将吸铁后的浆液减压过滤，烘干称重。试验结果见表 6-1。

表 6-1　矿石灼烧去铁记录

名称	温度/℃	编号	Al_2O_3 含量/%	SiO_2 含量/%	Fe_2O_3 含量/%	A/S	F/A
A		原矿	52.40	10.08	12.25	5.20	0.230
	700	去 Fe	70.38	13.56	6.95	5.20	0.100
	800	去 Fe	67.28	12.69	6.04	5.30	0.090
	900	去 Fe	69.22	13.94	7.39	4.97	0.110
B		原矿	44.60	12.06	18.76	3.70	0.420
	700	去 Fe	53.80	14.12	17.75	3.80	0.330
	800	去 Fe	54.10	14.53	18.40	3.70	0.340
	900	去 Fe	54.80	14.96	19.36	3.66	0.350
C		原矿	50.90	14.88	15.54	3.42	0.310
	700	去 Fe	62.00	16.27	12.45	3.80	0.200
	800	去 Fe	60.70	17.55	12.94	3.46	0.210
	900	去 Fe	60.70	17.04	13.07	3.56	0.220
D		原矿	55.20	13.92	6.25	3.97	0.110
	700	去 Fe	67.76	16.35	4.43	4.14	0.070
	800	去 Fe	65.36	16.18	4.91	4.04	0.075
	900	去 Fe	65.20	16.35	4.93	4.00	0.076

注：F/A 指 Fe_2O_3 与 Al_2O_3 含量之比。

结果表明，灼烧氧化磁选去铁对于铝硅比相对高的铝土矿效果明显，如矿物 A，而且温度达到 700 ℃后，升高温度对结果的影响不大。

第三节　去铁后脱硅试验研究

为研究灼烧去铁后的矿物对脱硅效果的影响，做了如下试验。

在 240 g·L^{-1} 的碱液中加入原矿样品及去铁后矿物样品，配制固含率为 300 g·L^{-1} 的浆液，将样品加入高压釜中，设定温度 105 ℃，转速 110～120 r·min^{-1}。温度到达 105 ℃后，开始计时。反应 8 h 后，取样分析液固成分。再设定温度为 130 ℃，到温度后开始计时，反应 3 h 后取样分析液固成分，结果见表 6-2、表 6-3。

表 6-2　脱硅后固相分析记录

样品	温度/℃	Al$_2$O$_3$含量/%	SiO$_2$含量/%	Fe$_2$O$_3$含量/%	CaO含量/%	TiO$_2$含量/%	Na$_2$O含量/%	A/S	硅酸/%
E	原矿	48.12	13.27	17.47	4.4	1.86		3.63	0.32
	80	50.00	12.52	17.42	4.52	2.00	3.25	3.99	6.89
	130	42.80	14.74	17.31	4.40	1.93	6.15	2.90	12.79
E去Fe后	脱硅前	54.70	15.49	6.20	3.94	2.20		3.53	1.09
	80	53.96	14.19	14.90	3.88	2.30	4.65	3.80	10.16
	130	51.60	14.72	15.60	3.92	2.30	5.90	3.51	11.99

表 6-3　脱硅后液相分析记录

名称	温度/℃	N$_T$/ (g·L^{-1})	AO/ (g·L^{-1})	N$_K$/ (g·L^{-1})	SiO$_2$含量/%
E	80	106.4	3.93	100.00	0.519

名称	温度/℃	N_T/ $(g \cdot L^{-1})$	AO/ $(g \cdot L^{-1})$	N_K/ $(g \cdot L^{-1})$	SiO_2含量/%
E	130	93.4	11.51	90.00	0.234
E去Fe后	80	73.00	4.59	69.40	0.328
	130	93.40	11.51	90.00	0.205

注：AO 表示氧化铝，N_T 是全碱，N_K 是苛性碱。

结果表明，灼烧去铁对样品的脱硅基本没有影响，130 ℃铝硅比下降主要是温度升高后，铝的溶解增多导致。

第四节　氧化铝精细化生产研究

一、研究背景

工业废渣煤矸石的开发利用已经进入工业化生产。山西柳林森泽集团的煤矸石生产基地，其产品主要是硫酸铝，但纯度不高，使得产品的销售一直得不到解决。同时，为了让有限的铝土矿资源价值最大化，一方面应考虑综合利用，另一方面应加强精细化生产。下面是森泽集团煤矸石生产基地生产的硫酸铝和拜耳法精制的铝酸钠溶液（以下简称为精液），经过简单反应得到氢氧化铝凝胶，此凝胶作为原始晶种，在一定的分解条件下和精液反应，制备一段活性晶种；一段活性晶种和精液在一定条件下，再进行二段分解，进而制备出氢氧化铝微粉。这样既能实现煤矸石开发利用，又能实现氧化铝精细化生产，且该工艺制备的产品具有粒度细、纯度高、白度好等优点，对于煤矸石的高值利用及其产品质量进一步优化提供了必要的技术指导。

二、研究方法及结论

1. 种子浆的制备

将一定量的硫酸铝溶解于一定量的开水中，使氧化铝的含量为8%左右。趁热倒入一定量的精液中，快速搅拌10～15 min，静置老化备用。

2. 一段种子分解

将种子比（种子浆中氧化铝的质量与精液中氧化铝的质量之比）为3%～25%的种子浆加入到稀释后的精液中，搅拌。待溶液变白后，继续反应2～5 h。反应时间长短影响粒度大小，粒度范围从几百纳米到十微米，故可以调整时间以控制产品粒度。

3. 二段种子分解

取一定量的精液（种子比0.5%～8%。根据粒度大小选择合适的种子比，几百纳米至几微米），倒入一段种子分解浆液中，搅拌，调温（50～60 ℃）。根据精液浓度、原液α_k以及产品粒度要求，选择合适的反应时间（2～20 h）。最后，产品经过滤、洗涤、烘干，测产品的粒度、吸油值。

4. 种子浆pH对分解的影响

调整精液与硫酸铝的比例，制备不同pH条件下的种子浆，静置老化，研究种子浆pH对氢氧化铝微粉粒度和分解率（某一时刻铝酸钠溶液氧化铝浓度的变化量与氧化铝的初始浓度的比值）的影响，结果见图6-1。pH在8～10时，种子浆老化后会成为凝胶。pH不同，除了影响种子浆的性状，还会影响粒度和分解率。随着pH的增大，粒度先减小后增大，分解率先增大后又开始变小，在pH接近9时，粒度最小，分解率最大，也就是说，种子浆的最佳pH是9。

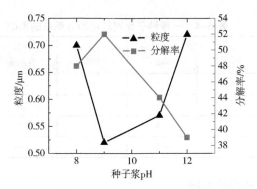

图 6-1 种子浆 pH 对粒度和分解率的影响

5. 种子比对分解的影响

增加种子比,也就是提高一段分解种子添加量和二段分解种子添加量,对氢氧化铝产品的粒度和铝酸钠溶液的分解率均有较大影响。因此,对种子比的影响进行了研究,结果见图 6-2 和表 6-4。种子添加量大,分解快、分解率高、粒度小,这是因为晶种量大,反应诱导期缩短,反应速度加快,分解率高。在一定范围内增加一段种子添加量,可以增加晶核数,则生成晶核的速度快。由于体系中物质的数量一定,要生成大量的晶核,就只能得到极小的粒子。

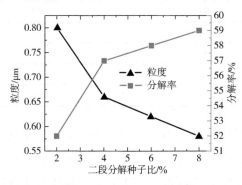

图 6-2 二段分解种子比对分解率和粒度的影响

153

表 6-4　一段种子比对粒度和分解率的影响

一段种子比 /%	一段分解时间/h	二段种子比 /%	二段分解时间/h	平均粒径 $D_{50}/\mu m$	分解率/%
3	5	0.5	18	4.14	57
6	5	0.5	18	3.39	58
12	5	0.5	18	3.34	61
25	5	0.5	18	2.49	62

6. 温度对分解的影响

温度对一段分解和二段分解过程有很大影响，当其他条件一定时，温度是影响分解速度、分解率和粒度的主要因素。

（1）一段分解温度与分解率和粒度的关系　一段分解温度升高，反应速率明显加快，同时，一段反应加热后，种子活性降低，以至于二段分解速度明显减慢，粒度随之增加，见表 6-5。故一段种子分解过程不需要加热。

表 6-5　一段分解温度对分解率和粒度的影响

一段分解温度/℃	二段分解温度/℃	二段种子比/%	14.5 h分解率/%	平均粒径 $D_{50}/\mu m$
21	50	3.0	53	2.00
21	50	4.5	55	1.87
21	50	6.0	60	1.59
50	50	3.0	11	5.77
50	50	4.5	14	4.30
50	50	6.0	16	3.98

（2）二段分解温度与分解率和粒度的关系　固定其他反应条件，提高二段种子分解温度，反应速率会明显加快（反应体系颜色变化快，1.5 h就明显变白），但当温度为65 ℃，会使溶液的过饱和度降低，导致分解速度变慢，分解率明显降低。同时，高温下反应速率常数加大，溶液的黏度也减小，这些都能促进晶粒生长速度加快，产品粒度增加。温

度也不能过低，当温度过低时，铝酸钠溶液黏度和稳定性明显增加，分解速度显著降低，粒子附聚明显，见图6-3。故温度控制在50~60℃是最适宜的。

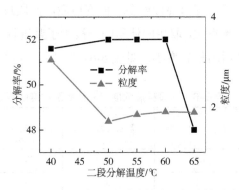

图 6-3 二段分解温度对分解率和粒度的影响

7. 精液 a_k 对分解的影响

原液苛性化系数 a_k 对产品粒度的影响较复杂。溶液 a_k 低时溶液的过饱和度大，分解速度快，产生大量晶核，使产品变细；a_k 高时溶液稳定，分解速率慢。当 a_k 高于 1.55 时，分解率明显降低；a_k 低于 1.45 时，溶液不稳定，很容易发生分解变浑浊，所以，a_k 不可以过低。分解精液的 a_k 应控制在 1.45~1.55，结果见图6-4。

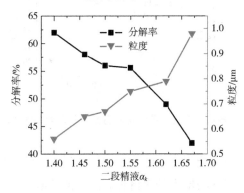

图 6-4 a_k 对分解率和粒度的影响

8. **精液浓度对分解的影响**

（1）一段精液浓度与分解率和粒度的关系　一段精液浓度对一段分解快慢有明显影响，在其他条件相同时，浓精液的分解慢，稀释后明显加快，也就是浓精液变白要慢得多。但变白后，一段反应总时间相同，对二段分解的影响不大，取相同体积的一段种子浆进行二段分解，浓精液的粒度比稀释后的稍有变小，见表6-6。

表6-6　一段精液浓度对分解率及粒度的影响

一段氧化铝含量 /（g·L⁻¹）	一段变白时间/h	一段反应时间/h	分解率/%	平均粒径 D_{50}/μm
110	1.5	5	58	3.39
170	2.5	5	60	2.00

（2）二段精液浓度与分解率和粒度的关系　配制不同氧化铝含量的精液，一段种子比为6%，反应时间为2.5 h，反应温度为50 ℃，结果如图6-5。

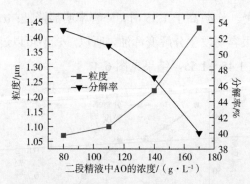

图6-5　二段精液浓度对分解率和粒度的影响

从图6-5知，当精液中铝氧含量由80 g·L⁻¹增大到140 g·L⁻¹时，分解率随着精液浓度的增大稍有降低，粒度稍有增大。当精液中铝氧含

量大于 $140\,g\cdot L^{-1}$ 时，分解率显著降低，粒度明显增大。故分解前稀释精液到铝氧含量小于 $140\,g\cdot L^{-1}$，这样可以保证分解率，同时精液浓度不会引起粒度的显著变化。

9. 分解时间对分解的影响

（1）一段分解时间与分解率和粒度的关系　第一阶段分解后的产物是大量附聚在晶种旁成团的晶核。在机械搅拌的作用下，这些晶核从晶种上断裂开来。一段分解时间超过 2.5 h 后，这些晶核明显附聚，以至于分解变慢，粒度增大，结果见表 6-7。

表 6-7　一段分解时间对粒度和分解率的影响

一段种子比 /%	二段种子比 /%	一段分解时间/h	二段分解时间/h	平均粒径 D_{50}/μm	分解率/%
25	3	2.5	7.5	1.60	45
25	3	4.0	7.5	2.66	41
25	3	2.5	10.5	1.57	47
25	3	4.0	10.5	2.27	44

（2）二段分解时间与分解率和粒度的关系　随着分解时间的延长，溶液分解率提高，苛性比值增大。分解前期氢氧化铝析出最多，随着分解时间的延长，分解速度越来越慢，母液苛性比值的增长也越来越小，分解率提高得越来越慢，粒度也逐渐变小，原因可能是浆液在搅拌的作用下，其附聚成团的小晶核得以充分分离，分散开来的晶核重新又生成大量晶核所致，见图 6-6。

综上，煤矸石酸法提取物硫酸铝和拜耳法铝酸钠溶液反应，可以进行自分解种子二段分解制备氢氧化铝微粉。分解条件是：一段种子比为 3%～25%，二段种子比 0.5%～8%；种子浆 pH 为 8～10；精液 α_k 为 1.45～1.55；一段精液浓度为 90～140 $g\cdot L^{-1}$，二段精液浓度为 90～140 $g\cdot L^{-1}$；

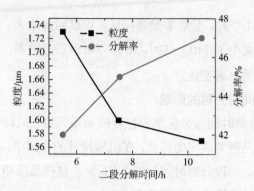

图 6-6   二段分解时间对分解率和粒度的影响

一段分解不能加热，二段分解温度为 50～60 ℃；一段分解时间为 2～5 h，二段分解时间为 2～20 h。产品用沸水洗涤至洗水 pH<10，所得种分产品平均粒径为 0.5～6 μm，白度均大于 99%，所有产品中 Fe_2O_3 含量< 0.006%、SiO_2 含量<0.05%、吸油值<70 mL·(100 g)$^{-1}$，产品的其他性能还有待于进一步检测。

第五节   粉煤灰提取氧化铝试验研究

一、研究背景

随着工业化加速发展，国产氧化铝产量不断增长，为了满足氧化铝工业的需要，国产铝土矿开采量逐年升高，而储采比却逐年下降。2012年我国铝土矿产量为 3700 万吨，到 2017 年已提高到 6500 万吨。2019年我国是全球第二大铝土矿生产国，仅次于澳大利亚。中国铝土矿供需形势日益严峻，铝土矿已成为我国紧缺的大宗矿产资源之一。

粉煤灰是燃煤电厂或热电车间从燃烧后的烟气中经除尘器捕集下来的细颗粒灰，是中国排放量较大的固体废物，见图 6-7、图 6-8。其主要成分有铝和硅，铁、钛及稀土元素含量丰富，见表 6-8。

图 6-7 粉煤灰样品（见彩插） 图 6-8 粉煤灰仓

表 6-8 循环流化床粉煤灰中主要成分的含量

成分	S^{2-}	SiO_2	Fe_2O_3	Al_2O_3	CaO	Na_2O	TiO_2
含量/%	0.06	40.90	2.82	34.57	1.54	0.29	1.57

　　如果这些粉煤灰得不到利用，只能长期堆存，既占用大面积土地又污染周边环境，也造成灰中氧化铝资源的流失。因此，开发一种以粉煤灰为原料生产氧化铝的利用技术，既可大量消化粉煤灰以缓解环境问题，又可使粉煤灰中的氧化铝资源得到有效利用。循环流化床粉煤灰中氧化铝的存在形式为非晶态物相，铝主要以无定型铝硅酸盐存在，见图6-9。从图 6-9 中可以看出，循环流化床粉煤灰的形貌为不规则的片状，一层一层的，结构松散。这种结构使循环流化床粉煤灰比煤粉炉粉煤灰具有更高的化学溶出特性。为实现固体废物循环流化床粉煤灰的综合利用，探寻铝土矿的替代资源，进行了在不同消解试剂下消解循环流化床粉煤灰,使用亚熔盐法溶解循环流化床粉煤灰以及直接酸溶解循环流化床粉煤灰等一系列试验研究，为循环流化床粉煤灰的综合利用提供理论

参考。

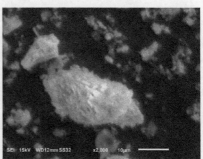

图 6-9　循环流化床粉煤灰样品的 SEM 图

下文以山西吕梁循环流化床粉煤灰为研究对象，用微波消解法、直接酸溶法和亚熔盐法，探讨循环流化床粉煤灰的溶出性能。亚熔盐法是介于盐熔和水溶液之间一种反应体系，该反应体系分解矿物时具有良好的分散、传递特性，能够强化反应动力学过程，适于处理难分解的复杂矿物。盐熔温度一般很高，因为要达到该盐的熔点，一般都需要较高的温度。但采用一定浓度的盐溶液，在高压状态下用比较低的温度即可达到溶出效果，可直接浸出，无需活化。

二、研究内容

试验方法总体分为三种：一是微波消解溶出，选用强酸和强碱两种不同的消解试剂，用微波消解仪消解循环流化床粉煤灰（以下粉煤灰都指循环流化床粉煤灰），考察金属元素铝、钛、铁的溶出反应条件；二是碱性亚熔盐法溶出，设定不同的反应温度、盐浓度，考察这些反应条件对粉煤灰中金属元素的溶出影响情况，并对溶出液采用酸处理和热水洗两种方案；三是酸溶出，粉煤灰样品直接在常温下与 1+1 盐酸反应。

用原子发射光谱仪检测，算出溶出液中 Al、Ti、Fe 的含量。

1. 微波消解粉煤灰

（1）酸性条件下消解　准确称量 0.1000 g 粉煤灰装入微波消解罐，然后在消解罐中按顺序加入 68% 的硝酸 5 mL、37% 的盐酸 2 mL 和 40% 的氢氟酸 2 mL，按表 6-9 程序进行消解。

（2）碱性条件下消解　准确称量 0.2000 g 粉煤灰装入微波消解罐，然后在消解罐中加入 20% 的氢氧化钠溶液 10 mL，按表 6-9 步骤进行消解。

表 6-9　微波消解参数表

消解剂	步骤	温度/℃	时间/min	功率/W
HNO₃-HCl-HF	1	150	10	$(N+2) \times 100$
	2	180	5	
	3	210	25	
NaOH	1	150	10	
	2	180	30	

注：表中 N 为微波消解仪运行时使用消解罐的个数。

待消解完成，经过降温、赶酸、定容和过滤后，用原子发射光谱仪检测金属元素的含量。

2. 亚熔盐法反应条件对粉煤灰中金属元素溶出的影响

（1）温度对金属元素溶出的影响　准确称量 0.2500 g 粉煤灰于反应釜中，然后在反应釜中加入 20% 的氢氧化钠溶液 10 mL。搅拌均匀后，在恒温鼓风干燥箱中加热，设定温度分别为 130 ℃、140 ℃、150 ℃、160 ℃、170 ℃，待显示温度达到设定温度时，开始计时，反应 2 h 后关闭电源。反应釜经过降温后，溶液定容并过滤，然后用原子发射光谱仪检测溶液中金属元素的含量。

（2）亚熔盐浓度对金属元素溶出的影响　分别准确称量 0.2500 g 粉煤灰于反应釜中，然后在反应釜中分别加入 25%、30%、35%、40%、45%、50% 的氢氧化钠溶液 10 mL。搅拌均匀后，在恒温鼓风干燥箱中加热，待显示温度达到 170 ℃时，开始计时，反应 2 h 后关闭电源。反应釜经过降温后，溶液定容并过滤，然后用原子发射光谱仪检测溶液中金属元素的含量。

（3）反应时间对金属元素溶出的影响　准确称量 0.2500 g 粉煤灰于反应釜中，然后在反应釜中加入 20%的氢氧化钠溶液 10 mL。搅拌均匀后，在恒温鼓风干燥箱中加热，待显示温度达到 170 ℃时，开始计时，反应时间分别为 60 min、90 min、120 min、150 min、180 min。反应釜经过降温后，溶液定容并过滤，然后用原子发射光谱仪检测溶液中金属元素的含量。

3. 酸溶

准确称量 0.5000 g 粉煤灰于烧瓶中，加入 1+1 盐酸 40 mL，反应 24h 后定容、过滤及检测。

4. 亚熔盐法溶出后酸浸

准确称量 0.2500 g 粉煤灰于反应釜中，然后在反应釜中分别加入 10%、20%的氢氧化钠溶液 10 mL。搅拌均匀后，在恒温鼓风干燥箱中加热，待显示温度达到 160 ℃时，开始计时，反应时间为 2 h。反应釜经过降温后，在预先加入 40 mL 浓度为 1+1 盐酸的容量瓶中定容，过滤，用原子发射光谱仪检测溶液中金属元素的含量。

三、结果与讨论

1. 消解试剂对微波消解粉煤灰的影响

使用微波消解粉煤灰,不论是酸性条件还是碱性条件,对于铝元素,都能全部浸出，结果见表 6-10。

表 6-10　不同微波消解试剂对金属元素的浸出率影响

消解试剂	Ti浸出率/%	Fe浸出率/%	Al浸出率/%
HNO₃-HCl-HF	99.97	97.77	99.57
NaOH（20%）	47.49	13.37	99.50

从表 6-10 可以看出，酸消解可以溶出全部的铝铁钛，而碱性环境不利于钛和铁的消解溶出，这与氢氧化铁和氢氧化钛偏碱性有关。

2. 亚熔盐法对粉煤灰的溶出效果

用亚熔盐低温溶出粉煤灰，能耗低，工艺条件简单，易操作。下面是对溶出条件进行试验的结果，见图 6-10～图 6-12。

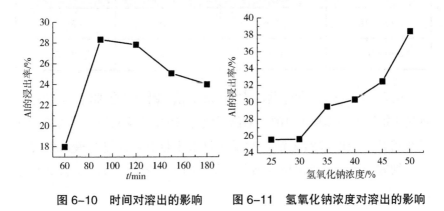

图 6-10　时间对溶出的影响　　图 6-11　氢氧化钠浓度对溶出的影响

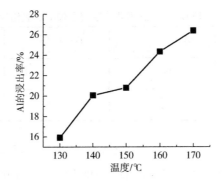

图 6-12　反应温度对溶出的影响

由图 6-10、图 6-11 和图 6-12 可知，溶出时间对溶出效果是有影响的，当溶出时间大于 2 h 时，铝元素的浸出率明显降低。而随着亚熔盐氢氧化钠浓度的增大和温度的升高铝元素的浸出率都是增大的。钛和铁元素的浸出率都小于 10%，故不作讨论。

而同样是亚熔盐法，即使用浓度为 10% 的氢氧化钠溶液溶出，在 160 ℃反应 2 h，定容时加酸，其铝元素全部溶出，见表 6-11。

表 6-11　亚熔盐法定容加酸试验结果

溶出条件	Ti 浸出率/%	Fe 浸出率/%	Al 浸出率/%
NaOH（20%）	26.99	99.20	99.52
NaOH（10%）	11.53	99.45	99.23

由表 6-11 可知，亚熔盐法定容加酸，铁、铝元素全部溶出，亚熔盐氢氧化钠浓度为 20% 和 10%，对结果没有影响。其反应的机理可能为低温亚熔盐生成的硅酸氢钠钙对反应物形成包裹，通过盐酸溶解促进反应彻底进行。在溶出反应条件相同，如果定容时不加酸，其结果见表 6-12。

表 6-12　亚熔盐法定容不加酸试验结果

溶出条件	Ti 浸出率/%	Fe 浸出率/%	Al 浸出率/%
NaOH（20%）	0.67	0.67	22.14
NaOH（10%）	0.75	0.85	20.28

由表 6-12 可知，亚熔盐溶出反应后，用酸浸出与否对粉煤灰中铝、铁元素的溶出效果影响很大。定容不加酸时，铝元素的浸出率很低，铁元素基本没有溶出。钛元素在碱性条件下反应，溶出效果不好，酸浸虽然增大了其浸出率，但是仍然没有超过 50%。

3. 单一酸溶法

采用 1+1 盐酸直接浸泡粉煤灰，浸泡 24h，三种元素的浸出率都小于 10%，见表 6-13。

表 6-13　直接酸溶时金属元素的浸出率

溶出液	Ti 浸出率/%	Fe 浸出率/%	Al 浸出率/%
HCl（1+1）	2.05	3.47	5.88

故用中等浓度酸溶法是不可行的。

综上，这种低温、低碱浓度的碱性反应，中等酸浓度酸性处理反应液的粉煤灰溶出方法，是目前粉煤灰提铝技术中经济、简单、安全的重要技术。酸碱交替浸出的方法可以有效破坏循环流化床粉煤灰中的 Si-O-Al 结构，提高浸出率。但本实验中的酸碱交替使用和传统的酸碱混合方法不同，是低温亚熔盐法溶出后，用常温常压中等浓度酸浸出，酸只接触设备的某一部分且没有使用浓酸反应，因此只要求设备部分耐中等浓度的酸即可。

参考文献

[1]任列香，范冬梅，王中慧. 分析化学实验[M]. 北京：化学工业出版社，2017.

[2]王宁. 氧化铝生产技术的发展现状和未来趋势[J]. 冶金与材料，2018，38（4）：90.

[3]王克勤，肖建忠. 氧化铝生产技术问答[M]. 北京：化学工业出版社，2010.

[4]韩跃新，柳晓，何发钰，等. 我国铝土矿资源及其选矿技术进展[J]. 矿产保护与利用，2019，39（4）：151-158.

[5]刘艳玲，高燕，薛仁生. 高锰酸钾氧化法去除拜耳法生产系统中有机物的研究[J]. 轻金属，2015（9）：20-22.

[6]刘艳玲，卫艳丽. 二段种分法制备氢氧化铝微粉的工艺研究[J]. 河北师范大学学报（自然科学版），2021，41（4）：378-383.

[7]全国有色金属工业标准化技术委员会. 铝冶炼标准汇编：方法卷[M]. 北京：中国标准出版社，2010.

[8]《联合法生产氧化铝》编写组. 联合法生产氧化铝：控制分析[M]. 北京：冶金工业出版社，1977.

[9]丁健. 高铝粉煤灰亚熔盐法提铝工艺应用基础研究[D]. 东北大学，2016.

[10]王小芳. 基于 CFB 粉煤灰提铝的铁杂质分离基础研究[D]. 山西大学，2020.

[11]石俊. 全球铝土矿资源分布格局及开采现状分析[N]. 期货日报，2018-01-30（003）.

[12]侯双明，高嵩，张蕾，等. 热活化和机械活化对拜耳法赤泥性能影响[J]. 硅酸盐通报，2020，39（5）：1573-1577.

[13]刘艳玲，薛仁生，娄东民.电厂反渗透浓盐水的软化试验[J].吕梁学院学报，2015，5（3）:28-29.